Erich Breitung

Studien über die Rinder Afrikas und Polynesiens und ihren Zusammenhang untereinander

Erich Breitung

Studien über die Rinder Afrikas und Polynesiens und ihren Zusammenhang untereinander

ISBN/EAN: 9783955621834

Auflage: 1

Erscheinungsjahr: 2013

Erscheinungsort: Bremen, Deutschland

@ Bremen-university-press in Access Verlag GmbH, Fahrenheitstr. 1, 28359 Bremen. Alle Rechte beim Verlag und bei den jeweiligen Lizenzgebern.

Cover: Foto © Paul M. Rae (Wikipedia)

Studien über die Rinder Afrikas und Polynesiens und ihren Zusammenhang untereinander.

Erich Breitung
Regierungstierarzt a. D.
von Keetmanshoop (Deutsch-Südwest-Afrika).

BERLIN C. 54
Hermann Blanke's Buchdruckerei und Verlag.
1910.

Meinen lieben Eltern!

Einleitung.

Die in den letzten Jahrzehnten in Afrika stattgehabten Kriege und Aufstände der Eingeborenen gegen die verschiedenen europäischen Kulturmächte haben das allgemeine Interesse mehr als bisher auf dieses Land gerichtet. Speziell in Erinnerung steht der jüngst erst beigelegte Aufstand in Deutsch-Südwest-Afrika und die enormen Kosten, die derselbe dem deutschen Volke verursachte. Es ist da naturgemäss die Frage aufgeworfen worden, ob es denn wirklich wert wäre, diese enormen Kosten für ein, der allgemeinen Meinung nach doch vollkommen unfruchtbares Land geopfert zu haben. Da ich über 3 Jahre, von 1905 bis 1908 Gelegenheit hatte, als Regierungstierarzt in D. S. W.-Afrika die Verhältnisse zu studieren und mir so ungefähr ein Urteil bilden kann, ob diese Frage mit ja oder nein zu beantworten sei, so möchte ich sie entschieden mit ja beantworten. Zwar meinen wohl jetzt auch schon Nichtkenner der Verhältnisse, dass die Ausgaben durch die kürzlich gemachten Diamantenfunde in Lüderitzbucht wieder reichlich einkommen würden. Das ist wohl zweifelsohne auch anzunehmen.

Es handelt sich hier aber nicht darum, die gemachten Ausgaben wieder einzubekommen, sondern darum, wie das Land für eine dauernde Besiedelung durch Deutsche am besten nutzbar zu machen sei. Die Diamanten werden eines schönen Tages abgebaut sein, ebenso wie überhaupt alle Mineralien auch in ausserdeutschen afrikanischen Kolonien. Wenn dieser Fall aber eintritt, dann muss eine jede Kolonie, ob nun deutsche oder nicht, selbst imstande sein, ihre Ansiedler zu ernähren. Und diese Möglichkeit ist, speziell in Südafrika, in reichem Masse gegeben durch die Viehzucht. Ich sage speziell Südafrika, weil hier die Viehzucht an erster Stelle steht. Wohl ist es auch möglich, landwirtschaftliche Erzeugnisse, wie Baumwolle, Tabak etc. zu produzieren, aber das vorherrschende wird hier immer die Viehzucht sein. In Mittel- und Nordafrika würden sich Landwirtschaft und Viehzucht ungefähr die Wage halten.

In erster Linie unter den verschiedenen Tierarten wird in Afrika nun das Rind gezüchtet. Es interessierte mich daher, einige vergleichende Studien über die in Afrika lebenden Rinderrassen zu machen und dieselben in nachfolgender Arbeit zu veröffentlichen.

Die Anregung zu dieser Arbeit verdanke ich Herrn Professor Dr. U. Duerst, Dirigent des zootechnischen Institutes der Universität Bern, dem ich nicht verfehlen möchte, an dieser Stelle meinen Dank dafür, sowie für seine Unterstützung bei derselben auszusprechen.

Zu den Studien selbst habe ich das im zoologischen Museum zu Berlin vorhandene Schädelmaterial benutzt, welches mir von Herrn Professor Matschie, Custos der Säugetierabteilung, in liebenswürdigster Weise zur Verfügung gestellt wurde. Auch ihm spreche ich an dieser Stelle meinen besten Dank aus.

Die Studien erstrecken sich in der Hauptsache auf vergleichende Messungen der Schädel, weil letztere sich am geeignetsten zur Bestimmung der Rassen erweisen.

Ausser den in Berlin vorhandenen afrikanischen Schädeln habe ich dann im zweiten Teil der Beschreibung der Langhornrinder die vorhandenen Schädel aus Melanesien beschrieben.

Die zum Vergleich herangezogenen Tabellen von Schädelmessungen nichtafrikanischer Rinder hat mir ebenfalls Herr Professor Dr. Duerst liebenswürdigerweise überlassen, desgleichen die Literatur über die prähistorischen und historischen Rinder Afrikas, wie auch Mitteilungen darüber, was über die zur Zeit in Afrika lebenden Rinder bekannt ist. Die Literatur und Mitteilungen befinden sich im Privatbesitz des Herrn Professor Dr. Duerst und sind zum grössten Teile noch nicht veröffentlicht.

Bevor ich nun an die eigentliche Beschreibung der von mir gemessenen Schädel gehe, will ich zunächst das besprechen, was bisher über afrikanische Rinder veröffentlicht und gesagt ist.

Im allgemeinen ist die Literatur über afrikanische Hausrinder äusserst spärlich.

Ueber Rinder aus prähistorischer Zeit ist nur etwas aus Nordafrika bekannt. Zentral- und Südafrika schalten in dieser Hinsicht vollkommen aus.

H. Schäfer[1]) hat Rinderbilder der „new race" aus Negadeh in Aegypten veröffentlicht, die sich als Darstellungen des Bos primigenius deuten lassen. Dieser Gedanke wird durch eine Publikation von Van Bissing unterstützt, der auf einem Gefäss der 18. Dynastie den Fang eines Stieres abgebildet findet.[2])

Auch zahlreiche andere ägyptische Wandreliefs zeigen uns die Jagd auf Wildrinder, und könnte man daher vermuten, dass das ägyptische Wildrind als ein autochtones aufzufassen ist, zumal als auch in Algerien nach Daniel und Thomas[3]) Wildrinderreste gefunden sind, die unzweifelhaft dem Primigenius zugehören.

Wenn es daher eine mehrfache Domestikation der Rinder gab, könnten die Aegypter sehr wohl das afrikanische Langhornrind aus dem afrikanischen Primigenius herausgebildet haben. Duerst ist hingegen der Auffassung, — besonders in Frage des Tierkults und anderer Aehnlichkeiten der Viehhaltung bei Indern, Persern und Aegyptern, — dass das Hausrind in seiner langhörnigen Form von Central-Asien nach Afrika gekommen sein müsse.[4]) Ob dem so ist, mag dahingestellt sein. Jedenfalls sind langhörnige Hausrinder schon frühzeitig auf ägyptischen Bildern dargestellt

---

[1]) Neue Altertümer der „new race" aus Negadeh. Zeitschrift f. ägyptische Sprache etc. 34. Bd. 1894, pg. 138. Abb. 6. 9.
[2]) Van Bissing, Stierfang auf einem ägyptischen Holzgefäss der 18. Dynastie. Mitteilungen des archäologischen Instituts. Athen 1898, pg. 242—266.
[3]) Duerst, Notes sur quelque Bondé, pg. 148.
[4]) Vergl. Duerst, „animal remains", pg. 369 u. „Rinder von Babylonien, Assyrien und Aegypten".

worden. Ein langhörniges, buckelloses Rind findet sich auf der Schieferplatte des Museums von Gizeh, ferner sehen wir sowohl langhörnige wie kurzhörnige Rinder auf dem Griffe eines Feuersteinmessers, der von Morgan und Flinders-Petrie veröffentlicht worden ist. Duerst ist der Ansicht, dass in prähistorischer Zeit in Nord-Afrika, speziell in Aegypten, zwei Hausrinderrassen existiert haben, und zwar eine langhörnige und eine kurzhörnige. Die langhörnige hatte leierförmige Hörner, die andere kurze Klemmhörner.

Aus Algier berichtet Ph. Thomas, dass er Rinderschädel gefunden habe, die sich durch ihre viereckige, flache, oft höher als breite Stirn, die mit dem Hinterhaupt einen spitzen Winkel bildet und vor allen Dingen durch die glatten und starken, oft sehr langen Hörner ausgezeichnet hätten. Er kommt zu dem Schluss, dass gegen Ende der Tertiärzeit das Primigeniusrind in Algier vorhanden gewesen ist.

Im Gegensatz zu dem spärlichen Material der prähistorischen Zeit sind Bilder und Darstellungen auf Kunstwerken der Aegypter aus historischen Zeiten in grosser Menge vorhanden. Aber auch den ausserordentlichen Bemühungen des Herrn Professor Maspero ist es zu danken, dass in neuester Zeit grosse Mengen von Tiermumien nach Europa gebracht worden sind, während früher die Schädel altägyptischer Rinder, wie Duerst dies erfuhr, sehr spärlich waren. Er hat die ausgegrabenen Knochenfunde grösstenteils Herrn Professor Lortet in Lyon überlassen, der sie dann in dem Werke, „La Faune momifiée de l'Ancienne Egypte" zusammen mit C. Gaillard veröffentlichte.

Wir finden in diesem Werke, und zwar im Jahrgang 1903, einen Schädel, — mit Bos afrikanus bezeichnet, — der Macrocerosrasse, der mit dem Schädel eines Damararindes fraglos verwechselt werden könnte. Bei der später folgenden Beschreibung des Damaraschädels werde ich auf diesen Schädel noch näher zurückkommen.

Duerst schildert in seinem Werke „Die Rinder von Babylonien, Assyrien und Aegypten" die Gepflogenheiten der alten Aegypter bei ihrer Rindviehzucht. Er erzählt, dass die Rinder zu bestimmten Zeiten nach dem Nildelta getrieben wurden, um dort zu weiden. Hirten bekamen die Tiere überliefert und mussten dieselben bei ihrer Rückkehr wieder vollzählig abliefern.

Aehnlich ist es ja auch heute noch bei den Völkern Südafrikas. Nur dass hier nicht eine bestimmte Gegend vorhanden ist, nach der man jedes Jahr die Tiere treiben kann, sondern man sich wegen der geringen Regenmenge, die jährlich hernieder kommt, immer danach richten muss, in welchen Strichen der Regen gefallen ist, und dahin dann die Tiere getrieben werden. Die Treckburen sind der beste Beweis dafür. Ich habe Buren getroffen, die 500 bis 1000 Stück Grossvieh besassen. Sie wohnen mit ihrer meist sehr zahlreichen Familie in Zelten und Wagen und bleiben in der Gegend, wo ihr Vieh gerade weidet, bis die Weide abgeweidet ist. Dann ziehen sie weiter. Heute ist ihnen allerdings nicht mehr die freie Hand gelassen, dass sie bleiben können, wo sie gerade Lust haben. Sie werden von den einzelnen Regierungen gezwungen, sich fest anzusiedeln. Dafür, dass in regenarmen Jahren die Tiere der einzelnen Farmen, wenn die eigene Weide abgefressen ist, nicht umkommen, wird von den Regierungen in der Weise gesorgt, dass grosse Striche Landes nicht veräussert werden, sondern als Aushilfsweide reserviert werden.

Auch mit den von Duerst angegebenen Einzelheiten über die ägyptischen Rinder stimmt vieles überein, wie es bei den Völkern Südafrikas gehandhabt wurde und auch zum Teil heute noch gehandhabt wird. So führt er z. B. an, dass die Milch den Kälbern sehr lange überlassen worden ist, so unter anderm dem Apis 4 Monate. Bei den viehzüchtenden Völkern Südafrikas saugt das Kalb, solange die Mutter Milch hat. Die Milchergiebigkeit der Kühe ist sehr gering, 2—3 Liter pro Tag. Das Melkgeschäft wird ebenfalls nur von Männern vorgenommen. Es geschieht dies in der Weise, dass die Kühe mit einer Schlinge, die ihnen vermittelst eines langen Stockes über die Hörner gestreift wird, eingefangen und an einem Pfahl kurz angebunden werden. Sodann werden ihnen die Hinterbeine zusammengebunden, das Kalb aus der Einfriedigung, in der es sich während der Zeit, wo die Mutter auf der Weide ist, befindet, geholt und nun beginnt das eigentliche Melkgeschäft. Der Mann hockt auf seinen Fersen, lässt das Kalb erst eine Weile ansaugen, dann jagt er es mit einem Stock fort und melkt nun, und zwar mit der ganzen Hand. Von Zeit zu Zeit muss das Kalb wieder saugen, weil die Kuh die Milch sonst zurückhält. Um die Kälber, wenn die Kuh trocken ist, daran zu hindern, am Euter weiter zu saugen, bohrt man ihnen ein Loch durch die Nasenscheidewand und steckt ein Stück Holz, das möglichst an den Enden ein paar kleine Aeste hat, hindurch. Die Kuh lässt sich nun das Saugen nicht mehr gefallen, sondern jagt das Kalb, sobald sie mit dem Holz am Euter berührt wird, fort.

Auch bei den heidnischen Herero bestand der Brauch des Opferns von Rindern nach dem Tode. Die Anzahl der Rinder, die hier geopfert wurden, richtete sich nach dem Wohlstand des Verstorbenen. Es sind 50 und auch 100 Rinder für einen Verstorbenen geopfert worden. Die Schädel der geopferten Rinder wurden dann an einem hohen Pfahl, der gewissermassen als Leichenstein über dem Grabe errichtet wurde, übereinander aufgehängt und blieben da.

Bei der Beschreibung habe ich folgende drei Arten unterschieden:

langhörnige,

kurzhörnige,

hornlose.

Dieses scheint mir die geeignetste Einteilung zu sein. Es ist eine bekannte Tatsache, dass sich sowohl Tier- wie Pflanzenwelt den klimatischen und regionären Verhältnissen, in die sie gebracht wird, mit den Jahren anpasst und seine äussere wie innere Form dementsprechend ändert.

Wenn sich also, wie Hilzheimer[1] z. B. angiebt, bei einem Simmentaler in Ungarn lange Hörner ein-

---

[1] M. Hilzheimer, die Haustiere in Abstammung und Entwicklung.

gestellt haben, so hat sich m. E. mit den Hörnern auch ebenso der ganze Schädel, das Haarkleid, überhaupt die ganze Bauart geändert. Es ist also jedes alte Rassenmerkmal geschwunden und hat sich mit der Zeit eine neue, ungarische Langhornrasse gebildet.

Bringt man z. B. ein Merinoschaf nach Südafrika, so wird es bald kurzhaarig sein. Langhaarige Hunde werden ebenfalls kurzhaarig. Wie gerne würde man das reinrassige Merinoschaf züchten. Es geht aber nicht, weil es binnen kurzer Zeit kurzhaarig wird. So muss man sich mit Kreuzungen begnügen. Um ein Beispiel aus der Pflanzenwelt anzuführen: der europäische Flieder (Syringa vulgaris), in Südafrika angepflanzt, bekommt dieselben langen Stacheln, wie der Kameeldorn und überhaupt alles Buschwerk. Es wächst ausserdem in Afrika eine Gurke wild, die von den Eingeborenen gegessen wird, Onchys genannt. Sie sieht aus genau wie die in Europa wachsende, nur hat sie Stacheln an der Oberfläche. In allen diesen Fällen kann man das betreffende Tier oder die Pflanze doch unmöglich noch mit dem ursprünglichen Rasse — bezw. Artnamen belegen. Nein, es hat sich vielmehr in jedem einzelnen Falle ein den neuen Verhältnissen angepasster neuer Typ gebildet. Und da scheint mir bei den Rindern, denen doch das Horn und Haar gerade den charakteristischen Schädel und die Körperformen giebt, die Einteilung nach der Hörnern die gegebene zu sein.

Was nun die heutige Verbreitung der verschiedenen Rinder-Arten in Afrika anbelangt, so finden wir die Rindviehzucht am vorherrschendsten in Südafrika.

Sie nimmt ab in der Richtung nach Nordwesten. Während wir z. B. an der Ostküste und in Deutsch-Ostafrika noch kolossale Rinderherden vorfinden, finden wir solche in dem Umfange an der Nordwestküste nicht mehr vor. Es gibt dort allerdings auch Rinder, jedoch spielt die Rindviehzucht nicht die erste Rolle.

I. Langhornrinder.
A. Langhornrinder Afrikas.

Die Verteilung von Langhorn und Kurzhorn, sowie den hornlosen Zebus ist im allgemeinen wohl so, dass die langhörnigen in den Steppen und Seengebieten, sowie Hochplateaus vorherrschend sind, während die kurzhörnigen in den direkten Gebirgsgegenden zu Haus sind. Die hornlosen Zebus sind speziell wohl in Zentralafrika heimisch. C. Keller hat über die Verbreitung des afrikanischen Zeburindes ausführlich berichtet. Nach Meulemann kommt es auch im Kongostaat vor, und zwar am Tanganika-See in einigen Strichen und in der Umgegend des Albert-Eduardsees. Kurzhörnige sollen nach Hartmann schon im alten Aegypten vorgekommen sein. Wir finden sie heute, wie schon angeführt, wohl meist in den eigentlichen Berggegenden. So gibt es kurzhörnige Rinder im Kondeland in D. O. Afrika, im Adeliland in Togo, wahrscheinlich auch in Kamerun; in Südafrika habe ich keine gesehen. Dagegen kommt eine kurzhörnige Rasse, genannt Alderneyrasse, nach Meulemann vor im Kongostaat, und zwar in der Umgebung des Bangwelo-Sees.

Am meisten verbreitet sind in Afrika zweifellos die Langhornrinder. In Südafrika hat man das Kaplandrind, oder kurzweg „Afrikanerrind" genannt, und das Damararind.

Das Kaplandrind ist m. E. durch Treckburen und Händler nach Deutschsüdwestafrika gekommen und durch Kreuzung mit dem Damararinde ist die im Namalande vorherrschende Rasse entstanden. Die Kaprinder sind etwas niedriger und kräftiger als die Damararinder und von rot-weisser oder schwarz-weisser Farbe. Auch einfarbige gibt es, und zwar sieht man häufig eine grau-blaue Färbung.

Das Damararind ist meistens scheckig, rot- oder schwarz-scheckig, letzteres mehr, und zwar sieht man sehr häufig eine Sprenkelung wie bei einem Leoparden. Es ist hochbeiniger wie das Kaplandrind.

Das im Namalande lebende ist eine Kreuzung zwischen beiden. Die Farbe ist sehr verschieden, meistens aber rot-weiss, schwarz-weiss oder grau-weiss. Ich habe jedoch auch Rinder gesehen, die wegen ihrer leopardenähnlichen Sprenkelung der Farbe nach als Damararinder, ihrem ganzen Bau nach aber als Kaprinder anzusprechen gewesen wären.

Weiter nördlich folgt dann das Watussirind in der weitesten Umgegend des Victoria-Nyanssa, nach Petermann's Mitteilungen meist von grauer bis hellbrauner Farbe. Auch soll eine gesprenkelte Färbung vorkommen. Es folgen dann weiter nach Norden die Sanga-Rinder in Abessinien.

Langhörnige Rinder existieren ferner nach Meulemann im Kongostaat, und zwar erwähnt er die von Mangela besonders wegen ihrer langen Hörner.

Endlich haben wir Langhörner, allerdings nicht so lang wie die bisher angeführten, an der Westküste in Kamerun.

Im Anschluss an die Langhornrinder Afrikas habe ich dann fünf Schädel von Langhornrindern von den Mariannen-Inseln beschrieben.

Nach J. Crawford[1]) sind die ersten Rinder nach Polynesien und Melanesien im 16. Jahrhundert durch die Spanier gebracht worden, und zwar nicht aus Spanien, sondern aus Südamerika. Dass das Rind tatsächlich erst in neuerer Zeit nach Polynesien und Melanesien gebracht ist, bestätigt auch F. Treager,[2]) nach welchem auch Maggelhan, als er diese Inselgruppe entdeckte, nur Ziegen auf den Inseln vorgefunden hat.

Ich komme nunmehr zur osteologischen Beschreibung der einzelnen Schädel, und zwar beginne ich mit den langhörnigen, es folgen dann die kurzhörnigen und schliesslich die hornlosen. Bei den Langhörnern wiederum scheint mir das Damararind, als den Abbildungen des Bos Primigenius am ähnlichsten, als Ausgang am geeignetsten. Von diesem aus folgen dann zuerst die mit allmählich länger werdenden Hörnern, danach die mit kürzer werdenden.

---

[1]) J. Crawford, Relation of Animals to Civilisation, pg. 405.

[2]) Traces of Civilisation: An Inguiry into the History of the Pacific. Transart. New Zealand Institut 1896. Vol. XXIX. pg. 29, 30.

1. Damara-Rind.

Zoolog. Garten, Berlin, 1. 11. 06. nicht katalogisiert.

Stirnbeine: Der Gesamteindruck der Stirn ist der einer von vielen Erhebungen und Vertiefungen durchzogenen Fläche. Die stark verwachsenen Knochennähte zwischen Frontalia und Parietalia bilden ein spitzes Dreieck. Vom Stirnwulst, der sich in der Mitte bedeutend über die Zwischenhornlinie erhebt, zieht sich eine sehr stark ausgeprägte Stirngräte bis zur Höhe der Orbitalbögen, wo sie in einer Einknickung der Stirnbeine endet, nachdem sie vor ihrem Ende einen kleinen Mittelwulst gebildet hat. Vom Mittelwulst ziehen sich nach hinten und aussen zwei Seitenwülste bis zu den tief eingeschnittenen, am innern Rande sehr scharfen Supraorbitalrinnen, welche sie von den Orbitalwölbungen trennen. Letztere haben ungefähr die gleiche Höhe wie Mittel- und Seitenwülste, dagegen werden sie bei weitem überragt vom obern Teil der Stirngräte. Die Supraorbitalrinnen haben ihre tiefste Stelle oberhalb der Orbitalwölbungen. Sie setzen sich nach oben hin nicht fort, wohl aber verlaufen sie nach unten hin — allmählich flacher werdend, aber doch bis zum Schluss deutlich ausgeprägt — bis zu den Tränenbeinen, und zwar ziemlich parallel. Vom Ansatz der Nasenbeine laufen zu ihnen hin zwei halbmondförmige, nach oben gelegene Rinnen, welche 3,6 cm oberhalb der Lacrimalia in sie einmünden.

Tränenbeine: Am Zusammenstoss des Frontale, Nasale und Lacrimale ist ein dreieckiges Loch vorhanden. Der Winkel des Lacrimale in diesem beträgt 115°. Die Verbindungswand mit dem Frontale ist sehr zackig. Ein deutlicher Frontalzipfel mit darunterliegender Aushöhlung besteht ebenfalls.

Nasenbeine: Am Mündungspunkt des unteren Randes der Tränenbeine besteht eine sanfte Einbuchtung nach innen. Auf ihrer Oberfläche verlaufen die Nasenbeine ziemlich gerade, von den Fortsätzen sind nur die äusseren ausgebildet, sie sind 1½ cm lang, während die inneren rudimentär sind.

Zwischenkieferbeine: Die Nasenäste berühren das Nasenbein und laufen 3,7 cm an diesem entlang.

Oberkieferbeine: Die Wangenhöcker sind stark prominent. Von ihnen gehen zwei rauhe Leisten aus, eine in Richtung auf die Lacrimalia in einer Länge von 3 cm, die andere in Richtung auf $P._3$ und bis zu diesem. In Richtung auf $M._3$ zieht sich eine rauhe Erhabenheit. Der Gaumen ist mässig gewölbt, an der Ansatzstelle der Zwischenkieferbeine am stärksten. Die Choanen befinden sich 1 cm hinter $M._3$

Jochbeine: Der untere Rand hat eine scharfe Kante. Der aufsteigende Ast ist 2,4 cm. breit. Die Orbita sieht nach seitwärts und unten.

Schläfenbeine: Sie sind von vorn bis hinten ziemlich gleichmässig tief und laufen parallel.

Hinterhaupt: Eine deutlich ausgeprägte Squama. Diese steht 5,3 cm über dem Hinterhauptsloche, mit welchem es durch eine mässig hervorspringende Gräte verbunden ist, und 6,4 cm unter dem oberen Rande des Stirnbeines. Die Parietalia bilden

den Wulst auf der Zwischenhornlinie. Im übrigen ziehen sich auf dem Hinterhaupt lauter parallele rauhe Linien von oben nach unten. Seitlich und unterhalb der Squama 2 Einbuchtungen mit rauhen Erhabenheitén auf der Oberfläche. Der ideale Winkel von Hinterhaupt und Stirn beträgt 75⁰. Der Höhenwinkel[1]) beträgt 55⁰.

Hornzapfen: An diesen lassen sich, soweit sichtbar, tiefe Rinnen wahrnehmen. Die Hörner gehören zum leierförmigen Typus. Sie sind erst nach aussen und wenig nach vorn gerichtet und drehen sich dann an der Grenze des unteren und mittleren Drittels nach oben und hinten. Die Farbe ist in der Mitte grau, oben und unten dunkler, fast schwarz. Die Hornwurzel ist stark schuppig. Die Schuppen nehmen das ganze untere Viertel der Hörner ein.

Unterkiefer: Der aufsteigende Ast steigt gerade auf und ist hinter dem $M_{.3}$ ziemlich breit, verjüngt sich jedoch nach oben. Der horizontale Teil läuft zu ihm fast in einem Winkel von 90⁰, und biegt sich erst direkt unter den Schneidezähnen etwas nach oben.

Zahnbau: Während gewöhnlich der hintere Rand von $M_{.3}$ in gleicher Höhe mit dem Sinus palatinus liegt, liegt derselbe hier 4,2 cm nach vorn. Dementsprechend ist die Gesamtlänge der Backenzähne im Oberkiefer auffallend gering im Verhältnis zu anderen Rindern. Die Form der Molaren ist fast quadratisch, wogegen die Prämolaren von vorn nach hinten zusammengequetscht erscheinen. Sie nehmen

---

[1]) Siehe Seite 56

noch nicht die Hälfte der Länge der Backenzahnreihe ein, während sonst doch die Länge der Vorbackzahnreihe ungefähr $^2/_3$ von der der Backzahnreihe beträgt. Das Gebiss selbst ist unregelmässig, einige Zähne länger als die anderen. Im Oberkiefer fehlen beide P_2, im Unterkiefer sind nur vorhanden rechts P_2 und M_2, links P_1 und M_1. Der Schädel stammt von einem sehr alten Tier. Die Marken sind hufeisenförmig.

2. Watussirind.

(Langheld 5) 10. 4. 00, aus Süd-Ruanda, D.-O.-Afrika.

S t i r n b e i n e : Die Stirn macht im Gegensatz zu der unter 1 beschriebenen einen glatten geraden Eindruck. Der Stirnwulst ist nicht sonderlich ausgeprägt. Seine Form ist halbmondförmig, mit der Oeffnung nach oben. Von seiner Mitte zieht sich eine Gräte bis zur Höhe der Orbitalränder, wo dieselbe in einem Mittelwulst endigt. Rechts und links trennen denselben zwei sanfte Vertiefungen von 2 Seitenwülsten, die ihrerseits wieder durch die Ausläufer der nicht sehr tiefen Supraorbitalrinnen von den Orbitalwölbungen getrennt werden. Letztere haben mit den Mittel- und Seitenwülsten ungefähr eine Höhe. Die tiefste Stelle der Supraorbitalrinnen befindet sich etwa 1,5 cm oberhalb des hinteren Randes der Orbitalhöhle. Von da ab bestehen nach oben kleine Ausläufer, dagegen nach unten stark konvergierende, die sich auf der Mitte der Nasenbeine treffen würden.

T r ä n e n b e i n e : Im Zusammenstoss der Nasalia, Frontalia und Lacrimalia befindet sich ein sehr kleines dreieckiges Loch; der Winkel des Lacrimale in diesem beträgt 135°. Das ganze Tränenbein zieht sich schmal von unten zur Orbita, wo es in einen kleinen Frontalzipfel ausläuft.

Nasenbeine: Die Nasenbeine sind gerade mit einer leichten Krümmung nach unten an den Fortsätzen, von denen die inneren länger sind als die äusseren.

Zwischenkieferbeine: Der Nasenast erreicht in einem Punkte das Nasenbein.

Oberkieferbein: Der Wangenhöcker ist stark prominent. Von ihm geht eine Gräte senkrecht nach oben, eine zweite rechtwinklig zur ersten nach vorn bis P_3. Der Gaumen ist gewölbt. Die Choanen befinden sich zwischen M_2 und M_3. Der Oberkiefer erscheint oberhalb P_3 stark eingeschnürt.

Jochbeine: Sie haben am untern Rand eine rauhe Leiste. Der zur Orbita aufsteigende Ast ist 1,7 cm breit.

Schläfenbeine: Die Schläfengruben sind nicht sehr tief, nach den Seiten ausladend und von hinten nach vorn konvergierend. Die Schläfenkante ist nach dem Stirnbein hin deutlich markiert.

Hinterhaupt: Das ganze Hinterhaupt ist nach innen gebogen. Die Squama steht 5 cm über dem Hinterhauptloch und 4,9 cm unter dem hintern Rand des Stirnbeines. Squama und Hinterhauptloch sind durch eine schwache Gräte verbunden. Am obern Rande ziehen sich rechts und links der Squama zwei tiefe, etwa 3,2 cm lange, etwas nach unten gekrümmte Einschnitte nach den Seiten hin. Der Stirnwulst wird durch das Parietale gebildet, welches dreieckig in die Stirn springt. Der ideale Winkel von Hinterhaupt und Stirn beträgt etwa 75°. Der Höhenwinkel beträgt 50°.

Hornzapfen: Unterhalb der Hörner ist ein Perlkranz sichtbar. Die Hörner sind grau, an den Spitzen und am Grunde schwarz. Am Grunde befinden sich in einer Breite von ca. 5 cm starke Schuppenringe. Die Hörner stehen halbmondförmig, und zwar bilden beide zusammen von einer Spitze zur andern etwa den halben Umfang eines Kreises.

Unterkiefer: Aufsteigender Ast schlank und senkrecht emporsteigend, der horizontale leicht nach oben gekrümmt.

Zahnbau: Zähne quadratisch, mit hufeisenförmigen Marken, seitlich mässig gefaltet.

3. Schädel aus Ruanda, D. O. Afrika.

Geschenk des Herzogs Adolf Friedrich von Mecklenburg.

Stirnbeine: Der Stirnwulst verläuft ziemlich gerade, die Stirnfläche ist von der vorderen Zwischenhornlinie bis Anfang der Nasalia sanft nach vorne gewölbt. Die Knochennähte zwischen Frontalia und Parietalia sind stark verwachsen, doch lässt sich noch erkennen, dass die Parietalia im stumpfen Winkel in die Frontalia hineinspringen. Die Supraorbitalrinnen sind hinter den Orbitalrändern tief eingeschnitten, dann nach dem Nasenbein hin flach verlaufend. Vom Anfang der Nasalia eine flache Querrinne, etwas nach oben gebogen, die bis zu dem flachen Auslauf der Supraorbitalrinnen reicht. Eine deutliche Stirngräte ist im oberen Drittel der Stirnbeine wahrzunehmen. Mittel- und Seitenwülste sind vorhanden, aber mässig ausgeprägt. Die Seitenwülste überragen die Orbitae. Die Erhöhung der Stirnwülste über die Squama beträgt 4,5 cm.

T r ä n e n b e i n e : Der Frontalrand ist ziemlich gerade. Kleine Frontalzacken sind vorhanden. Auf der linken Seite ist die Knochennaht kaum erkennbar; ein dreieckiges Loch, mässig gross, befindet sich am Zusammenstosse des Frontale, Lacrimale und Nasale.

N a s e n b e i n e : Die Nasenbeine sind vom Grunde bis zur Spitze ungefähr gleich breit, in der Mitte an den Aussenseiten etwas eingebuchtet. Die Fortsätze sind beide kurz.

Z w i s c h e n k i e f e r b e i n e : Der Nasenast ist schmal, bleibt 1,8 cm vom Nasenbeine ab.

O b e r k i e f e r b e i n e : Die Wangenhöcker sind stark prominent. Eine Gräte zieht sich nach vorne bis P_3, nach hinten bis M_2. Der Gaumen ist ziemlich gewölbt. Choanen vor M_3.

J o c h b e i n e : Unterer Rand scharf. Augenbogenfortsatz 1,9 cm breit. Orbitae seitlich gerichtet, treten hinter der Schläfenkante zurück.

S c h l ä f e n b e i n e : Die Schläfengruben sind gleichmässig tief und laufen beide von vorne nach hinten ziemlich parallel.

H i n t e r h a u p t : Der Wulst ragt 4,5 cm über

die Squama empor. Zum Foramen läuft eine Gräte. Der Wulst hat hinten eine flache Aushöhlung der Länge nach und wird gegen die Squama durch eine nach oben gebogene Linie begrenzt, die aber in der Mitte einen Einschnitt nach unten zeigt. Der Winkel der verlängerten Endpunkt-Verbindungen der beiden Hinterhauptsquerlinien beträgt 45°.

Hornzapfen: Umfang 29,2 cm, ziemlich schwer. Zapfen aussen rauh mit wenigen Furchen. Sie sind ziemlich kreisrund. Die Hornwand ist ziemlich kräftig, unten schuppig, von hellgrauer, an den Spitzen und am Grunde von dunkelgrauer Farbe; die Form der Hörner ist leierförmig.

Unterkiefer: Aufsteigender Ast schlank und senkrecht nach oben stehend. Der horizontale Ast läuft im Winkel von 90° zum aufsteigenden bis zum P_3, von da ab biegt er sich nach oben.

Zahnbau: Zahnstellung schräg. Schmelzblech stark gefaltet, hufeisenförmig.

Im Anschlusse an diese, bisher beschriebenen Langhörner will ich die Masse eines Watussigehörns angeben, um darzutun, bis zu welchen gewaltigen Dimensionen sich die Hörner auswachsen können.

4. Gehörn eines Watussirindes aus Ruanda (D. O. A.)

v. Hptm. von Grawert

Es sind nur die kolossalen Dimensionen der Hörner zu messen, weil der Teil des Stirnbeins und Hinterhauptes, welches ausserdem noch dabei ist, mitten und quer durchgesägt und nachträglich mit Eisenbändern wieder befestigt ist. Man kann nur noch konstatieren, dass eine Stirngräte vorhanden ist, und dass der Stirnwulst halbmondförmig mit der Oeffnung nach oben ist. Die Hörner sind von grauer Farbe, an den Spitzen schwarz. Sie sind leierförmig und gehen im ganzen schräg nach aussen vorn und oben. Die Masse sind folgende:

Horizontaler Horndurchmesser:	12,6 cm
Vertikaler Horndurchmesser:	14,2 „
Umfang der Hornwurzel:	43,0 „
Länge der Hörner:	130,0 „
Abstand der Hornspitzen:	168,0 „
„ „ äussersten Hornteile:	168,0 „

5. Sanga-Rind.

Zuchtrind aus Innerafrika. (Geschenk des Sultan Abdul Hamid an den Berliner Zoolog. Garten). 12. 8. 07. Nicht katalogisiert.

Stirnbein: Die Stirnwulst hebt sich nicht über die Zwischenhornlinie, sondern ist im Gegenteil in der Mitte etwas halbmondförmig eingebuchtet. Die Knochennähte sind sehr verwachsen, und nur mit Mühe lässt sich festellen, dass der Stirnwulst von den Parietalia gebildet wird, und dass diese dreieckig in die Stirn springen. Von einer in der Verlängerung der Lambdanaht sich fortsetzenden Gräte kann man eigentlich nicht sprechen, eher von einem länglichen, nicht sehr hohen Mittelwulst, der sich bis zur Höhe der Stirnenge erstreckt. Von hier aus ist die Stirn, von der Seite gesehen, nach vorn (oben) gewölbt. Die Wölbung wird hervorgerufen durch zwei starke Seitenwülste, welche zwischen sich eine Vertiefung bilden. Nach aussen folgen auf die Seitenwülste zwei tiefe Supraorbitalrinnen mit scharfem, überspringenden Innenrand, welche nach vorn derart konvergieren, dass sie sich an der Spitze der Nasenbeine treffen würden. Die Ausläufer nach unten reichen bis zu den Tränenbeinen. Vom Beginn der Nasenbeine ziehen sich zwei Querfurchen zu den Ausläufern. Weiter nach aussen von den Supraorbitalrinnen folgen die Augenbogen, die nicht sonderlich stark hervorragen und von den beiden Seitenwülsten überragt werden. Die Schläfenkante ist mässig scharf.

Tränenbeine: Ein dreieckiges Loch ist am Zusammenstoss der Stirn-, Nasen- und Tränenbeine vorhanden. Der Winkel des Lacrimale beträgt hier ca. 135^0. Die Knochenränder mit den benachbarten Knochen sind, sofern sie nicht schon zu sehr verwachsen sind, stark gezackt, desgleichen die Frontalzipfel.

Nasenbeine: An ihrem Grunde ist die durch die Seitenwülste der Stirn gebildete Wölbung zu Ende. Die Nasenbeine verlaufen in ihrem obern Drittel gerade. Das zweite Drittel ist oben und an den Seiten stark eingebuchtet, während das untere Drittel wieder ansteigt und gerade ist. Von den Fortsätzen sind die innern doppelt so lang und stark wie die äussern; die grösste Breite der Nasenbeine ist an der oberen Spitze der Tränenbeine.

Zwischenkieferbeine: Der Nasenast erreicht die Nasenbeine gerade.

Oberkieferbeine: Die ganze Ansatzfläche des Masseters ist kolossal stark entwickelt. Zunächst der Wangenhöcker. Dieser ist gross und stark prominent und auf seiner Oberfläche rauh. Von ihm zieht sich eine kräftige Leiste im Bogen bis unter das Auge, wo sie in die scharfe untere Kante der Jochleiste übergeht. Unterhalb dieser bogenförmigen Leiste und des Jochbeines befinden sich viele rauhe Erhabenheiten. Vom Wangenhöcker nach vorn bis P_3 geht eine Rinne, die nach aussen durch eine scharfe Leiste abgeschlossen wird. Der Gaumen ist sehr mässig gewölbt. Die Mittelnaht markiert sich durch eine scharfe Leiste. Die Choanen befinden sich am hintern Rande von M_3.

Jochbeine: Der untere Rand ist scharf, die Ansatzstelle für den Masseter breit. Der aufsteigende Ast ist 1,8 cm breit.

Schläfenbeine: Die Schläfengruben sind breit und tief und zwar ziemlich gleichmässig, nach hinten und unten etwas mehr geöffnet.

Hinterhaupt: Das Hinterhauptloch ist ausgebrochen. Sein oberer Rand würde etwa 3,4 cm unter der Squama liegen, welche ihrerseits wieder 7,0 unter dem Stirnbeine liegt. Unterhalb des Stirnwulstes befindet sich eine halbmondförmige Vertiefung, welche die Squama gewissermassen als Innenauskleidung eines Daches überdacht. Die Fläche zwischen der Vertiefung und dem Hinterhauptsloch ist mit vielen rauhen Erhabenheiten versehen. 2 cm oberhalb eines jeden Condylus befindet sich je ein tiefes Ernährungsloch.

Der ideale Winkel des Hinterhauptes mit der Stirn beträgt etwa 85^0, während der Winkel der verlängerten Verbindungslinien der Endpunkte der beiden Querlinien des Hinterhauptes 65^0 betragen würde.

Hörner: Diese sind von grauer Farbe, gehen zuerst nach aussen und oben und biegen etwa in der Mitte nach vorn um. Ihre Spitzen wollen wieder nach rückwärts umbiegen, so dass ich die Hörner, obwohl sie auf den ersten Blick halbmondförmig, wenn auch nach vorn, aussehen, zu dem leierförmigen Typus rechnen würde. Am Grunde sind die Hörner mit wenigen Schuppen und einigen Ringen versehen. Von den Hornzapfen ist nicht viel zu sehen, doch scheinen sie ziemlich glatt zu sein.

Unterkiefer: Der aufsteigende Ast steigt senkrecht empor, der wagerechte im Bogen nach vorn. Entsprechend den starken Masseteransatzstellen am Oberkiefer finden sich auch am Unterkiefer aussen solche in Gestalt eines stark prominierenden Höckers, von dem sich bis zum hinteren Rand eine starke Knochenleiste zieht.

Zahnbau: Die Zähne im Oberkiefer sind normal, aussen ziemlich glatt. P_1 ist etwas länger als die anderen Zähne. Dagegen bilden die gesamten Backenzähne im Unterkiefer eine Abnormität. Während M_3 und M_2 normal sind, mit hufeisenförmigen Marken, weist M_1 nur in seinem hintern Teile eine solche Marke auf. Im vorderen Teile ist er oben platt und fällt schräg ab zu P_1. Dieser und die folgenden P_2 und P_3 stehen nun mit ihrer vollkommen glatten Oberfläche ca. 1 cm unterhalb der Oberfläche der Molaren.

Nach den Seiten sind die P_1 und P_2 so stark gefaltet, dass es auf den ersten Blick scheint, als wären auf jeder Seite 5 kleine Prämolaren vorhanden.

6. Schädel aus Kamerun.
Aus Sierra Leone importiert. Dr. Paschen, 6. 8. 08, nicht katalogisiert.

Stirnbein: Die Stirn als Ganzes, von der Seite gesehen, ist etwas ramsköpfig. Der Stirnwulst erhebt sish stark nach oben und vorn. Er wird vom Parietale gebildet, welches in spitzem Winkel in die Stirn springt. Zwischen den beiden Schenkeln dieses spitzen Winkels befindet sich eine Vertiefung; die Spitze geht sodann in einen Mittelwulst über, in dessen Mitte sich wiederum eine Gräte markiert. In Höhe der aufsteigenden Aeste der Jochbeine ist der Mittelwulst, und mit ihm die Gräte, zu Ende. Vor seinem Ende jedoch, etwa 3 cm, fangen seitlich 2 Seitenwülste an, die sich in Höhe der inneren Augenwinkel verlieren. Etwa in der Mitte der Seitenwülste zieht sich beiderseits je eine Rinne, welche 2 cm seitlich der Mittellinie beginnt und schräg nach aussen und unten bis zur Verlängerung der Supraorbitalrinnen geht, auf welche sie in einem Winkel von ca. 60^0 auftrifft. Die Supraorbitalrinnen ihrerseits sind ziemlich flach mit mässig scharfen Rändern, ihre Ausläufer gehen bis zu den Tränenbeinen und konvergieren etwas nach vorn. Durch sie werden die Orbitalbögen von den Seitenwülsten getrennt. Die höchste

Stelle nimmt der Mittelwulst ein, es folgen die Seitenwülste und schliesslich die Orbitalbögen. Die Schläfenkanten sind zweikantig, aber nicht scharf.

Tränenbeine: Sie haben ungefähr die Form eines Rhombus. Der Winkel am Zusammenstoss der Frontalia, Nasalia, und Lacrimalia beträgt 125°. Ein dreieckiges Loch an dieser Stelle fehlt. Der Frontalzipfel ist sehr lang und schlank.

Nasenbeine: Ihre ungeheure Breite fällt von vornherein auf. Die grösste Breite ist am oberen Ansatzpunkt des Tränenbeines. Von da ab spitzen sie sich ziemlich energisch zu, so dass sie die Breite, welche sie am unteren Ansatzpunkte der Tränenbeine haben, ziemlich bis zum Beginn der Fortsätze beibehalten. Der Nasenrücken ist gerade. Von den Fortsätzen sind die äusseren stärker entwickelt als die inneren.

Zwischenkieferbeine: Der Nasenast erreicht die Höhe der Nasenbeine, bleibt jedoch ½ cm seitlich davon ab.

Oberkieferbeine: Der Wangenhöcker, welcher sich über M_1 befindet, ist wenig prominent. Eine schwache Leiste zieht sich nach vorn bis P_3. Der Gaumen ist mässig gewölbt. Die Choanen befinden sich zwischen M_2 und M_3.

Jochbeine: Der horizontale Ast verläuft ziemlich wagerecht, die Breite des vertikalen ist 1,7 cm.

Schläfenbeine: Dfe Schläfengrube ist sehr breit und erscheint darum weniger tief. Nach hinten ladet sie weit aus. Die Verbindungsnähte zwischen Schläfen- und Scheitelbeinen sind deutlich zu erkennen.

Hinterhaupt: Es befindet sich unterhalb des Stirnwulstes und über der Squama eine tiefe Einbuchtung, entsprechend dem hinteren Rande des Stirnwulstes, der auch halbmondförmig verläuft. Die Squama, welche 7,0 cm unter dem Stirnbein und 4,3 cm über dem Hinterhauptloch steht, ist mit letzterem durch eine Gräte, die sich im letzten Teile verliert, verbunden. Seitlich steigen etwa von der Mitte der Condyli ebenfalls zwei scharfe Gräten senkrecht nach oben. Der ideale Winkel von Hinterhaupt und Stirn beträgt ungefähr 90^0. Der Winkel, den die Verlängerungslinien der Verbindungspunkte der äusseren Enden der grossen und kleinen Hinterhauptquerlinie bilden würden, würde ca. 50^0 betragen.

Hörner: Sie sind von hellgrauer Farbe, an den Spitzen dunkelgrau. Man kann sie zu den halbmondförmigen rechnen. Sie gehen erst seitlich und wenig nach oben und drehen sich ungefähr in der Mitte nach vorn. Die Spitzen neigen wieder etwas nach unten. Im übrigen sind sie ziemlich glatt. Die Hornzapfen haben am Grunde einen kleinen Perlkranz, sind dann etwas rauh und werden nach den Spitzen zu glätter. Sie sind nicht hohl.

Zahnbau: Die Zähne stehen gerade. Beide P_2 und P_3 fehlen. Die Marken sind hufeisenförmig. Die Aussen- und Innenseiten sind wenig gefaltet.

7. Schädel aus Bafusam.

Direkte Kreuzung zwischen Zeburind ♂ und eingeborenem Rind ♀. Nov. 09 (Kamerun).

Der Schädel ist ziemlich mit Fascien überzogen, so dass die Masse schwer genommen werden konnten.

S t i r n b e i n e : Die Stirn als Ganzes erscheint ein wenig ramsköpfig. Der Stirnwulst ist sehr gering; er erhebt sich kaum über die Zwischenhornlinie. Die Parietalia scheinen dreieckig in die Stirn zu springen, jedoch ist dies wegen der Fascien sehr schwer zu erkennen. Eine Gräte fehlt. Statt dessen läuft in der Mittellinie eine Furche, die sich erst in Höhe der inneren Augenwinkel verliert. Seitlich von dieser Furche befinden sich zwei nicht sehr hohe Seitenwülste, von welchen aber die Orbitalwölbungen überragt werden. Von letzteren trennen sie zwei sehr flache, nach vorn etwas konvergierende Supraorbitalrinnen, von deren unteren Ausläufern sich etwa in Höhe der inneren Augenwinkel zwei halbmondförmige Rinnen nach der Mitte ziehen. Die Schläfenkanten sind nicht sehr scharf.

T r ä n e n b e i n e : Der Winkel in dem dreieckigen Loch am Zusammenstoss der Stirn-, Nasen-, Tränenbeine beträgt beinahe 180^0. Frontalzipfel ist vorhanden.

N a s e n b e i n e : Der Nasenrücken ist in den oberen zwei Dritteln gerade, im unteren etwas nach unten gebogen. Eine geringe seitliche Einbuchtung ist zu konstatieren. Von den Fortsätzen sind die äusseren stärker und länger als die inneren.

Zwischenkieferbeine: Der Nasenast erreicht nicht die Aussenseiten der Nasenbeine.

Oberkieferbeine: Die Wangenhöcker sind mässig prominent. Nach hinten geht von ihnen eine Leiste im Bogen bis zum unteren Rand des Jochbeins. Nach vorn scheint eine solche bis P_3 zu gehen. Der Gaumen ist mässig gewölbt und hat vom Foramen palatinus bis zur Vorderkante von M_2 eine Leiste. Die Choanen befinden sich in Höhe von M_2.

Jochbeine: Der untere Ast ist nicht sonderlich stark, während die Breite des aufsteigenden Astes 1,75 cm beträgt. Die Augenhöhle ist auffallend klein. Ihr vorderer Rand hat einen horizontalen Durchmesser von 5,0 cm und einen vertikalen von 4,8 cm. (Es ist ein fünfjähriges Tier.)

Schläfenbeine: Die Schläfengruben sind tief und röhrenförmig nach hinten ausladend, unter den Hörnern eingeknickt.

Hinterhaupt: In seiner Gesamtheit macht es den Eindruck einer ziemlich geraden Fläche, aus der nur die Squama hervorsieht. Letztere steht 7,0 cm unter dem Stirnbein und 3,05 cm über dem Hinterhauptloch. Von ihr setzt eine starke Gräte in Richtung auf das Hinterhauptsloch an, jedoch verliert sich dieselbe schon nach 1½ cm. Ueber den beiden Condyli befinden sich zwei tiefe halbmondförmige Einschnitte. Der ideale Winkel zwischen Hinterhaupt und Stirnfläche beträgt etwa 80^0. Der Winkel, den die Verlängerungslinien der Endpunkte der beiden Hinterhauptsquerlinien bilden würden, würde etwa 55^0 betragen.

Hörner: Sie sind von grauer bis schwarzer Farbe, am Grunde heller als an der Spitze, und leierförmig. Sie gehen erst nach den Seiten und oben, biegen dann nach vorn um und zeigen an der Spitze Neigung nach hinten. Im untern Drittel befinden sich 4 Querringe. Die Hornzapfen haben am Grunde keinen Perlkranz, sind mässig rauh und innen hohl.

Unterkiefer: Die beiden Unterkieferäste, von oben gesehen, stehen sich halbmondförmig gegenüber. Der aufsteigende Ast steigt ziemlich gerade empor, während der wagerechte im Bogen nach vorn geht.

Zahnbau: Die Zahnreihen stehen sich halbmondförmig gegenüber. Die Zähne selbst stehen gerade, haben hufeisenförmige Marken und sind seitlich wenig gefaltet.

8. Buckelrind,

♂ jung, vermutlich aus Ngaundere (Kamerun).

Der Schädel ist am 7. 4. 10 im zoolog. Museum eingetroffen und noch frisch. Er ist vollkommen mit Fascien- und Sehnenteilen bedeckt, so dass die in der Tabelle angegebenen Masse nur schwer zu nehmen waren und daher einige vielleicht etwas zu gross genommen sind, weil die dem Knochen aufliegenden Fascien natürlich auftrugen und an manchen Stellen nicht erkennen liessen, wo der Knochen aufhört und die Fascie anfängt.

Stirnbeine: Der Stirnwulst erhebt sich höckerartig über der Zwischenhornlinie und wird scheinbar vom Parietale gebildet, welches dreieckig in die Stirn springt. Von der Spitze des einspringenden Dreiecks setzt sich eine Gräte nach unten fort, die sich aber in Höhe der Stirnenge verliert. Von hier ab liegt die Mittellinie in einer tiefen Längsgrube, welche seitlich von den 2 starken Seitenwülsten flankiert wird. Von den Orbitalbögen, die von den Seitenwülsten überragt werden, — wenngleich erstere wiederum höher stehen als die Längsfurche in der Mittellinie, — werden die Seitenwülste durch die 2 nicht sehr tiefen, nach vorn etwas convergierenden Supraorbitalrinnen getrennt.

T r ä n e n b e i n e : Ein dreieckiges Loch ist vorhanden am Zusammenstoss der Stirn-, Tränen- und Nasenbeine. Der Winkel des Tränenbeines beträgt hier beinahe 180°. Ein kleiner Frontalzipfel ist vorhanden.

N a s e n b e i n e : Sie sind etwas nach vorn gewölbt. Der tiefste Punkt liegt am Grunde in der Längsfurche der Stirn; dann wölben sie sich nach vorn und werden nach den Spitzen zu wieder niedriger. Seitlich sind sie etwas eingebuchtet. Von den Fortsätzen sind die äussern stärker entwickelt als die innern.

Z w i s c h e n k i e f e r b e i n e : Der Nasenast erreicht die Aussenränder der Nasenbeine nicht.

O b e r k i e f e r b e i n e : Die Wangenhöcker sind wenig prominent. Nach hinten oben bis zum unteren Rande des Jochbeines ist eine Leiste markiert. Nach vorn ist wegen der aufliegenden Fascien nichts wahrzunehmen. Der Gaumen ist wenig gewölbt, nur am Treffpunkt mit dem Zwischenkiefer ist eine auffallende

Vertiefung. Eine Gräte in der Mittellinie fehlt. Die Choanen sind in Höhe von M_2.

Jochbeine: Die Fläche des untern Astes ist nicht sehr breit, scheinbar etwas nach unten umgebogen. Die Breite des aufsteigenden Astes beträgt 1,6 cm.

Schläfenbeine: Die Schläfengrube ist ziemlich tief und röhrenförmig, nach hinten etwas ausladend, unter den Hörnern zusammengedrückt.

Hinterhaupt: Die Squama steht 6,9 cm unter dem Stirnbein und 3,2 cm über dem Hinterhauptsloch. Eine Gräte verbindet letzteres mit der Squama. Ueber den beiden Condyli befinden sich halbmondförmige Einschnitte. Etwa in der Mitte jeder durch die Squama und Gräte geteilten Hälfte scheint sich, soweit es die Fascien erkennen lassen, eine Prominenz zu befinden. Rechts und links der ziemlich langgestreckten Squama befinden sich unterhalb des Stirnwulstes 2 halbmondförmige Mulden. Der ideale Winkel zwischen Hinterhaupt und Stirn beträgt ungefähr 85°, während die verlängerten Verbindungslinien der Endpunkte der beiden Hinterhauptsquerlinien etwa einen Winkel von 60° ergeben würden.

Hörner: Die Hörner sind von schmutziggrauer bis schwarzer Farbe und auf ihrer Oberfläche ziemlich rauh. Sie gehen etwas halbmondförmig in der Richtung nach der Seite, aber etwas nach oben und vorn. Die Hornzapfen haben am Grunde einen Perlkranz, sind dann ziemlich rauh. Innen sind sie nicht hohl, trotzdem aber sehr leicht.

Unterkiefer: Der aufsteigende Ast steigt gerade und senkrecht empor. Der Processus coronoideus ist auffallend schlittenkufenförmig nach hinten gebogen, so dass sein Endpunkt und der hintere Rand des aufsteigenden Astes in einer Geraden liegen. Der untere Ast geht im Bogen nach vorn und endet in dem ziemlich kräftigen Körper.

Zahnbau: Die Zahnreihen stehen halbmondförmig zu einander. Die P_3 sind etwas nach hinten umgebogen, die übrigen Zähne stehen gerade. Die Reibeflächen sind im Oberkiefer schräg von aussen nach innen gerichtet, im Unterkiefer umgekehrt. Die Marken sind hufeisenförmig, die seitliche Faltung ziemlich stark.

Am Schlusse der Beschreibung der Langhörner Afrikas will ich noch das Gehörn und die vorhandenen anliegenden Schädelteile einer Moshi-Kuh aus Togo beschreiben.

9. Gehörn einer Moshi-Kuh.
(Togo) Dr. Riegler 2. 1. 01, nicht katalogisiert.

Ausser dem Gehörn sind Stirn- und Nasenbeine vollständig vorhanden, ferner Teile vom Hinterhaupt und den Tränenbeinen.

Stirnbeine: Der sich kräftig nach oben und vorn erhebende Stirnwulst wird vom Parietale gebildet, welches mit einem spitzen Dreieck in die Stirn springt. In Verlängerung der Lambdanaht zieht sich eine, wenn auch nicht hohe, so doch scharf markierte Stirngräte. Die Stirn verläuft ziemlich gerade. Zu beiden Seiten der Stirngräte erheben sich zwei Seitenwülste, welche von den Orbitalwölbungen, die nicht ganz die gleiche Höhe haben, durch die tiefen, mit scharfem Innenrand versehenen Supraorbitalrinnen getrennt werden. Die Supraorbitalrinnen konvergieren wenig nach vorn. Flache Ausläufer gehen bis zu den Tränenbeinen. Die Schläfenkante ist breit und zweikantig.

Tränenbeine: Es sind nur Teile vorhanden. Ein dreieckiges Loch am Zusammenstoss der Nasalia, Frontalia und Lacrimalia ist nur angedeutet. Der Winkel des Lacrimale hier beträgt ca. 115⁰.

Nasenbeine: Diese sind auf ihrer Rückenfläche in der Mitte eingeknickt. Ihre breiteste Stelle befindet sich ungefähr in Höhe des dreieckigen Loches. Unterhalb desselben befindet sich beiderseits eine seitliche Einbuchtung. Die Fortsätze sind breit und kurz

Hinterhaupt: Die Squama steht 7,8 cm unter dem Stirnbein. Unterhalb des Stirnwulstes und oberhalb der Squama ist das Hinterhaupt tief eingebuchtet. Ausserdem befinden sich in dieser Einbuchtung zu beiden Seiten kleine rauhe Löcher. Der ideale Winkel von Hinterhaupt und Stirn beträgt ungefähr 90⁰.

Hörner: Die Hörner würde ich zum leierförmigen Typus zählen. Sie gehen erst seitwärts und nach oben, drehen sich dann nach vorn und schliesslich nach hinten. Sie sind von der Spitze bis zur

Wurzel mit deutlich ausgeprägten Längsfurchen mit manchmal reichen Auflagerungen versehen. Ihre Farbe ist dunkelgrau; die Spitzen scheinen etwa 2—3 cm abgeschnitten zu sein. Die Hornzapfen haben keinen Perlkranz am Grunde, sondern sind daselbst etwas rauh. Bald jedoch werden sie glatt bis zur Spitze. Innen sind sie hohl.

B. Langhorn-Rinder von Polynesien.

Ich lasse nunmehr die Langhornrinder von Melanesien folgen: es sind im ganzen 5 Schädel von der Insel Tinian, die vom Einsender mit der Aufschrift „Wildrind" versehen sind. Es handelt sich aber zweifellos um ein wild lebendes Hausrind.

1. Rind von den Mariannen-Inseln.
Aufschrift: Tinian, Wildrind, Fritz G. 20. 10. 06.

Stirnbeine: Der Stirnwulst wird von Stirnbeinen und Scheitelbeinen gebildet. Letzteres tritt mit einem kleinen spitzwinkligen Dreieck zwischen die Stirnbeine. Der Stirnwulst selbst erhebt sich höckerartig in der Mitte der Zwischenhornlinie nach oben und vorn. Hinten ist er halbmondförmig eingebuchtet. Eine Stirngräte fehlt. Die ganze Mitte der Stirn zwischen Stirnwulst, Supraorbitalrinne und einer Linie, welche die Vorderränder der beiden aufsteigenden Jochbeinäste verbinden würde, nimmt oberflächlich gesehen ein grosser Mittelwulst ein, in den die beiden Seitenwülste aufgehen. Genauer betrachtet, bemerkt man in der Mitte des eigentlichen Mittelwulstes eine Vertiefung der Länge nach, und zwei breitere zwischen Mittelwülsten und Seitenwülsten. Von der gedachten Linie bis zum Beginn der Nasenbeine ist die Stirn eingeknickt. Die Supraorbitalrinnen sind flach und haben Ausläufer nach oben bis zu den Hornansätzen und nach unten bis zur Höhe der inneren Augenwinkel. Sie konvergieren stark nach vorne. Ihre Verlängerungen würden sich auf der Mitte der Nasenbeine treffen. Die Orbitalbögen sind sehr stark entwickelt. Sie überragen bedeutend die eingeknickte Stelle des Stirnbeines. Mit dem grossen Mittelwulst stehen sie auf gleicher Höhe. Die Schläfenkanten sind scharf. Oberhalb des linken Nasenbeines befindet sich eine halbmondförmige Rinne — mit der Oeffnung nach unten —; die Rinne auf der rechten Seite liegt etwas tiefer und geht über Stirn- und Nasenbein.

Tränenbeine: Die Tränenbeine haben die Gestalt eines langgestreckten Vierecks. Sie sind etwa dreimal so lang wie breit. Ein dreieckiges Loch ist am Zusammenstoss des Stirn-Nasen-Tränenbeines vorhanden, desgleichen ein Frontalzipfel. Der Winkel des Tränenbeines im dreieckigen Loch beträgt ungefähr 130^0.

Nasenbeine: Sie sind nach oben etwas gewölbt und von oben bis unten ungefähr gleich breit. Eine seitliche Einschnürung fehlt. Die äusseren Fortsätze sind kräftiger entwickelt als die inneren.

Zwischenkieferbeine: Der Nasenast bleibt ca. 3 cm unter den Nasenbein zurück.

Oberkiefer: Die Wangenhöcker sind stark prominent. Von ihnen steigt eine scharf markierte Leiste in Richtung auf den innern Augenwinkel auf und geht unterhalb desselben in den scharfen unteren Rand des Jochbeines über. Nach vorn zieht sich eine rauhe Leiste bis zu P_3. Der Gaumen ist wenig gewölbt. Die Mittelnaht ist durch eine scharfe Gräte markiert. Die Choanen befinden sich in Höhe von M_2.

Jochbeine: Der horizontale Ast ist nach unten etwas umgebogen und hat einen scharfen Rand, die Breite des aufsteigenden Astes ist 1,6 cm.

Schläfenbeine: Die Schläfengruben sind hinten breit und flach und werden nach vorn tiefer und röhrenförmig.

Hinterhaupt: Der Gesamteindruck ist der, dass das Hinterhaupt eine ziemlich grosse gerade Fläche darstellt, aus der nur die Squama sich deutlich abhebt. Diese steht 6,4 cm unterhalb des Stirnbeins und 3,8 cm oberhalb des Hinterhauptloches, mit welchem sie eine scharfe Gräte verbindet, die sich 1 cm oberhalb des Hinterhauptloches so teilt, dass sie mit dem oberen Rand des Loches ein gleichschenkliges Dreieck bildet. Rechts und links der Squama, direkt unter dem Stirnwulst, befinden sich 2 kleine Vertiefungen, auf die nach aussen 2 Höcker folgen. Der ideale Winkel von Hinterhauptsfläche und Stirn beträgt ungefähr 80^0, während der Winkel, der durch die Verbindungslinien der Endpunkte der grossen und kleinen Hinterhauptsquerlinien gebildet würde, ca. 65^0 betragen würde.

Hörner: Die Hörner erscheinen von vorn nach hinten zusammengedrückt. Sie gehören zum leierförmigen Typ, gehen jedoch erst nach den Seiten und im Bogen nach unten, und wenden dann nach vorn um. Am Grunde haben sie 4 Ringe, die schuppenartig übereinander liegen. Ihre Farbe ist am Grunde dunkelgrau bis schwarz, wird dann aber hell. Unterhalb der Hörner kann man einen Perlkranz wahrnehmen.

Unterkiefer: Der aufsteigende Ast steigt gerade empor, während der horizontale im Bogen nach vorn geht. Entsprechend den scharfen Ansatzstellen des Masseters am Oberkiefer sind dieselben auch am Unterkiefer kräftig ausgeprägt.

Zahnbau: Im Oberkiefer sind nur die M_1 vorhanden, im Unterkiefer fehlen die P_3. Die Zähne sind an den Seiten wenig gefaltet und haben hufeisenförmige Marken.

2. Rind von den Mariannen-Inseln.
Tinian. Fritz G. 20. 10. 06, nicht katalogisiert.

Stirnbeine: Die Stirn als ganzes macht einen kolossal höckerigen Eindruck. Der von Stirn- und Scheitelbeinen, — welch letztere dreieckig in die Stirnbeine springen, — gebildete Stirnwulst hebt sich höckerig nach oben und vorn. Hinten ist er halbmondförmig ausgerundet. Nach vorn schliesst sich unmittelbar ein länglicher Mittelwulst an, der in der Mitte eine Vertiefung der Länge nach hat, also eigentlich in zwei Teile geteilt wird. Eine Stirngräte fehlt. Von dem Mittelwulst folgt schräg nach aussen und unten in Richtung auf die Augenbögen beiderseits je eine muldenartige Vertiefung, dann zwei Seitenwülste; es folgen die flachen Supraorbitalrinnen und schliesslich die sehr stark ausgebildeten Orbitalbögen. Die Supraorbitalrinnen haben so gut wie gar keine Ausläufer nach oben und unten; sie konvergieren stark nach vorn und würden sich in ihrer Verlängerung auf der Mitte der Nasenbeine schneiden. Von einer Linie, die man sich gezogen denkt von dem vorderen Rand des einen aufsteigenden Jochbeinastes zum andern, ist die Stirn bis zum Ansatz der Nasenbeine eingedrückt. Dadurch erscheinen die, diesen Einschnitt seitlich flankierenden Orbitalbögen ganz besonders hoch, während sie in Wirklichkeit die gleiche Höhe wie die Mittel- und Seitenwülste haben. Die Schläfenkanten sind scharf.

Tränenbeine: Sie sind langgestreckt, dreimal so lang wie breit, haben einen zackigen Frontalzipfel, — wie überhaupt alle Verbindungsnähte sehr zackig sind, — und bilden mit den Stirn- und Nasenbeinen zusammen an ihrem Treffpunkt ein dreieckiges Loch, in welchem der Winkel des Tränenbeines etwa $130°$ beträgt.

Nasenbeine: Der Nasenrücken ist leicht nach vorn gewölbt. Eine seitliche Einbuchtung der Nasenbeine ist nicht vorhanden, sie sind vielmehr von oben bis unten ungefähr gleich breit. Die äusseren Fortsätze sind länger als die inneren.

Zwischenkieferbeine: Der Nasenast erreicht die Höhe der Nasenbeine, bleibt aber seitlich einen $\frac{1}{2}$ cm davon entfernt.

Oberkieferbeine: Der Wangenhöcker ist stark prominent. Eine zackige Leiste geht nach hinten und oben und schliesslich in den unteren Rand des Jochbeins über. Nach vorn geht eine rauhe Leiste bis zum P_3. Die Mittellinie des mässig gewölbten Gaumens ist durch eine scharfe Gräte markiert. Die Choamen sind in Höhe der M_2.

Jochbeine: Der untere Rand ist ziemlich scharf und nach unten umgebogen. Der aufsteigende Ast ist 1,8 cm. breit.

Schläfenbeine: Die Schläfengrube ist hinten breit und offen und wird nach vorn tiefer und röhrenförmig.

Hinterhaupt: Es bildet eine ziemlich gerade rauhe Fläche, aus der nur die Squama hervorragt, welche mit dem Hinterhauptsloche durch eine Gräte verbunden ist, die 1 cm oberhalb des letzteren sich in einem Winkel von 60⁰ teilt und so zweiteilig auf das Hinterhauptsloch stösst. Die Squama steht 6,6 cm unterhalb des Stirnbeins und 3,6 cm oberhalb des Hinterhauptsloches. Der ideale Winkel von Hinterhauptsfläche und Stirn beträgt ungefähr 80⁰; die Verbindungslinien der Endpunkte der beiden Hinterhauptsquerlinien würden einen Winkel von etwa 65⁰ bilden.

Hörner: Die Hörner sind leierförmig, von vorn nach hinten zusammengedrückt; sie gehen erst nach den Seiten, biegen dann nach vorn und schliesslich nach oben und hinten um. Am Grunde befinden sich 4 schuppenartig übereinander liegende Ringe. Die Farbe der Hörner fängt am Grunde mit hellgrau an und wird nach den Spitzen zu allmählig tiefdunkelgrau. Von den Hornzapfen ist nichts wahrzunehmen.

Unterkiefer: Der aufsteigende Ast steigt gerade empor, während der wagerechte im Bogen nach vorn geht.

Zahnbau: Die Zähne stehen gerade, sind seitlich nicht sehr gefaltet und haben hufeisenförmige Marken.

3. Rind von den Mariannen-Inseln.
Tinian. Fritz G. 20. 10. 06, nicht katalogisiert.

Stirnbeine: Die Scheitelbeine springen mit einem Winkel von etwa 60^0 in die Stirnbeine und bilden mit diesen zusammen den Stirnwulst, der höckerartig nach oben und vorn über die Zwischenhornlinie ragt. Hinten ist er halbmondförmig ausgehöhlt. Im Anschluss an den Stirnwulst folgt unmittelbar nach vorn ein länglicher, in der Mitte mit einer Längsfurche versehener Mittelwulst. Eine Stirngräte fehlt. Seichte Vertiefungen trennen den Mittelwulst nach aussen hin von zwei Seitenwülsten, welchen wiederum nach aussen zwei flache Supraorbitalrinnen folgen, denen sich dann die starken Orbitalbögen, die jedoch von Mittel- und Seitenwülsten überragt werden, anreihen. Die Stirnfläche zwischen dem Ansatz der Nasenbeine und einer Linie, die die vorderen Ränder der aufsteigengen Jochbeine verbinden würde, ist gerade. Nur beim Ansatz der Nasenbeine ist ein flacher Höcker vorhanden. Die Schläfenkanten sind scharf.

Tränenbeine: Sie haben die Form ungefähr eines Vierecks, welches doppelt so lang als breit ist, und besitzen einen zackigen Frontalzipfel. Ein dreieckiges Loch bilden Stirn-, Nasen- und Tränenbeine an ihrem Treffpunkt, an welcher Stelle das Tränenbein einen Winkel von etwa 140⁰ bildet.

N a s e n b e i n e : Sie sind von oben bis unten ungefähr gleich breit. Der Nasenrücken hat einen flachen Höcker an der Ansatzstelle an das Stirnbein, ist sonst aber gerade. Seitliche Einbuchtungen sind nicht vorhanden. Die Fortsätze sind abgebrochen.

Z w i s c h e n k i e f e r b e i n e : Der Nasenast erreicht die Höhe der Nasenbeine, bleibt jedoch seitlich ½ cm von ihnen entfernt.

O b e r k i e f e r b e i n e : Die stark prominenten Wangenhöcker laufen nach hinten und oben in eine zackige Leiste aus, die in den unteren Rand des Jochbeines übergeht, während sich nach vorn nur eine etwa 1½ cm lange rauhe Stelle befindet. Die Mittellinie des Gaumens, der mässig gewölbt ist, bildet eine Gräte. Die Choanen befinden sich in Höhe von M_2.

J o c h b e i n e : Der horizontale Ast ist von unten etwas ausgehöhlt. Seine Kante ist mässig scharf. Der aufsteigende Ast ist 1,4 cm breit. Die Augenhöhle ist seit- und abwärts gerichtet.

S c h l ä f e n b e i n e : Die Schläfengrube ist hinten breit und offen und ziemlich flach, unter den Hörnern etwas eingedrückt, nach vorn wird sie tiefer und röhrenförmig.

H i n t e r h a u p t : Unter dem Stirnwulst, der halbmondförmig über der Squama steht, befinden sich zu beiden Seiten der Squama Einbuchtungen mit rauhen Erhabenheiten auf ihrer Oberfläche. Die Squama steht 6,2 cm unter dem Stirnbein und 4,0 cm über dem Hinterhauptsloch, mit welchem es durch eine Gräte verbunden ist, die jedoch 1 cm oberhalb des Loches sich verliert. Der ideale Winkel von Hinterhauptfläche und Stirn beträgt ungefähr 80^0, hingegen bilden die verlängerten Verbindungslinien der Endpunkte der beiden Hinterhauptsquerlinien einen Winkel von etwa 65^0.

Hörner: Die Hörner sind glatt und von hellgrauer Farbe, nach den Spitzen zu etwas dunkler werdend, und leierförmig. Sie gehen zunächst seitwärts, biegen dann aber etwa in der Mitte nach oben und hinten um. Beide Hörner haben ungefähr in der Mitte einen ringförmigen Wulst. Die Hornzapfen haben am Grunde einen Perlkranz, sind dann aber ziemlich glatt. Sie sind innen hohl.

Unterkiefer: Der aufsteigende Ast ist gerade, während der horizontale im Bogen zu den Schneidezähnen aufsteigt.

Zahnbau: Die Zähne stehen gerade, haben hufeisenförmige Marken mit tiefen Quereinschnitten und sind seitlich wenig gefaltet.

4. Rind von den Mariannen-Inseln.

Aufschrift: Tinian, Fritz G. 20. 10. 06.

Stirnbeine: Die Stirn als ganzes macht den Eindruck einer grossen, breiten, geraden Fläche. Der Stirnwulst erhebt sich in flachem Bogen über die Zwischenhornlinie. Er wird vom Scheitelbeine und anscheinend auch noch vom Stirnbein gebildet. Man kann das nicht genau konstatieren, da die meisten Nähte am Schädel sehr stark verwachsen sind. Deshalb lässt sich auch nur sehr schwer die Lambdanaht erkennen, welche den in die Stirn springenden Parietalzipfel mit dem Stirnbein verbindet. Von der vordersten Spitze des Parietalzipfels nach vorn hat es in einer Länge von etwa 3—5 cm den Anschein, als ob sich eine Stirngräte, aber nur eine sehr flache und absolut nicht scharfe, ausbilden wollte; dieselbe geht jedoch bald in einen flachen Mittelwulst über, der schon in Höhe der Stirnenge sein Ende erreicht. Schräg nach aussen und vorn vom Mittelwulst folgen zwei flache Vertiefungen und dann zwei höckerartige Seitenwülste. Diese werden durch die Supraorbitalrinnen, welche nicht sehr tief, aber mit scharfen, nach oben sich röhrenförmig nähernden Rändern versehen sind, von den Orbitalwülsten getrennt. Letztere fallen von innen nach aussen ab und sind auf ihrer ganzen Oberfläche vollkommen rauh. Die Rauhheiten setzen sich auf die ganze vordere Begrenzung des Auges fort, so dass das Auge ringsherum von einem richtigen knochigen Perlkranz umgeben ist. Von den ein wenig nach vorn konvergierenden Ausläufern der Supraorbitalrinnen gehen etwa in Höhe der Nasenbeinansätze zwei halbmondförmige Rinnen nach der Mittellinie. Die Schläfenkanten sing scharf und rauh.

T r ä n e n b e i n e : Ihre Ränder sind, soweit nicht verwachsen, sehr zackig, ebenso der Frontalzipfel. Ein dreieckiges Loch an der Vereinigungsstelle von Stirn-Nasen-Tränenbein fehlt. Der Winkel an dieser Stelle beträgt ca. 130⁰.

Nasenbeine: Der Stirn-Nasenbeinast ist vollkommen verwachsen und markiert sich durch einen schmalen Knochenwulst. Der Nasenrücken ist leicht gewölbt; die Fortsätze sind abgebrochen. Eine seitliche Einbuchtung fehlt.

Zwischenkieferbeine: Der Nasenast erreicht die Aussenseite der Nasenbeine.

Oberkiefer: Sehr stark prominent sind die Wangenhöcker, welche nach unten etwas umgebogen sind und sich nach vorn und hinten in starken Leisten fortsetzen. Die vordere läuft parallel der Zahnreihe und reicht bis P_3, die hintere geht im Bogen nach oben und hinten in den unteren Rand des Jochbeines über. In der Mittellinie des mässig gewölbten Gaumens erhebt sich eine scharfe Gräte. Die Choanen sind in Höhe von M_2.

Jochbeine: Wie alle Kopfknochen sind auch diese sehr kräftig. Der untere Rand ist nicht sehr scharf. Die Breite des aufsteigenden Astes beträgt 2,6 cm.

Schläfenbeine: Die Schläfengruben sind tief und röhrenförmig, hinten ein wenig ausladend, unter den Hörnern etwas eingeklemmt. Sie laufen ziemlich parallel.

Hinterhaupt: Die ganze Fläche ist mit rauhen Erhabenheiten versehen. Die Squama steht 7,5 cm unterhalb des Stirnbeins und 4,0 cm oberhalb des Hinterhauptsloches. Mit letzterem ist sie durch eine Gräte verbunden, welche sich jedoch 1½ cm über dem oberen Rand des Loches in einem Winkel von ca. 60⁰ teilt. An der Aufsatzstelle auf das Hinterhauptsloch bilden diese beiden Winkelschenkel je einen kleinen Condylus. Der Stirnwulst ist zu beiden Seiten der Squama auf seiner unteren Fläche ausgehölt, sodass er dachförmig über die beiden Hinterhauptshälften hinüberragt. Der ideale Winkel von Hinterhauptsfläche und Stirnfläche beträgt etwa 90⁰, während die verbundenen Endpunkte der beiden Hinterhauptsquerlinien in ihrer Verlängerung einen Winkel von 55⁰ ergeben würden.

Hörner: Die Hörner sind von schmutzig-gelber bis schwarzer Farbe, und zwar in der Mitte heller, am Grunde und an der Spitze dunkler. Sie sind leierförmig. Am Grunde befinden sich 5 rauhe Ringe im Horn, die, so weit die Ringe reichen, von anderen Rinnen, die in der Hornrichtung laufen, gekreuzt werden. Die Hörner zeigen erst nach der Seite, biegen dann etwas nach unten und vorn und im letzten Drittel nach oben um. Die Spitze ist abgestumpft, jedoch erhebt sich aus der Mitte des Stumpfes wieder eine kleine Spitze von 1 cm Höhe. Die Hornzapfen haben am Grunde einen starken Perlkranz; dann ziehen sich mässig rauhe Längsfurchen bis zur Spitze. Die Hornzapfen sind massiv.

Unterkiefer: Der aufsteigende Ast steigt schlank und gerade nach oben, der horizontale, auf dem die Ansatzstellen des Masseters kräftig ausgebildet sind, im Bogen nach vorne.

Zahnbau: Die wenigen noch vorhandenen Oberkiefer-Zähne sind seitlich wenig gefaltet und haben hufeisenförmige Marken. Die Unterkieferzähne stehen gerade. In Bezug auf Faltung und Marken verhalten sie sich wie die im Oberkiefer.

5. Rind von den Mariannen-Inseln,
nicht katalogisiert. Aufschrift Tinian Fritz, G. 20. 10. 06.

Stirnbeine: Die Stirn als ganzes ist ziemlich gerade. Der Stirnwulst ist nicht sehr stark und erhebt sich wenig über die Zwischenhornlinie. Er wird gebildet vom Stirn- und Scheitelbein; jedoch sind die verbindenden Nähte sehr stark verwachsen. Ein Mittelwulst sowie zwei Seitenwülste sind vorhanden, jedoch gehen diese drei ziemlich ohne Grenze — nur eine angedeutete Furche — ineinander über. Eine Stirngräte ist am oberen Viertel der Mittellinie der Stirnbeine angedeutet. Die Supraorbitalrinnen, welche die Augenbögen von den Seitenwülsten trennen, sind ziemlich tief, haben aber mässig scharfe Ränder und konvergieren nach vorn. Die Supraorbitalbögen werden von Mittel- und Seitenwülsten etwa um ½ cm überragt. Die Schläfenkanten sind rauh und scharf.

Tränenbeine-: Die Stirn- und Tränenbeinnaht ist ziemlich verwachsen. Das Tränenbein ist langgestreckt und hat einen zackigen Frontalzipfel. Ein dreieckiges Loch zwischen Stirn-, Nasen- und Tränenbein ist vorhanden. Der Winkel an dieser Stelle des Tränenbeins beträgt etwa 130^0.

Nasenbein: Der Nasenrücken verläuft in den oberen drei Vierteln gerade und biegt im unteren Viertel höckerartig nach unten um. Von einer seitlichen Einbuchtung ist nicht viel wahrzunehmen, vielleicht eine Wenigkeit. Von den Fortsätzen sind die äusseren stärker entwickelt als die inneren.

Zwischenkieferbeine: Der Nasenast erreicht ziemlich die Aussenkante des Nasenbeins.

Oberkieferbeine: Der Wangenhöcker ist stark prominent und nach unten etwas umgebogen. Nach hinten oben zieht sich eine rauhe Leiste von ihm bis zum unteren Rand des Jochbeins, während nach vorne eine Leiste bis P_3 geht. Der Gaumen ist leicht gewölbt und hat in der Mittellinie eine Leiste. Die Choanen befinden sich in Höhe von M_2.

Jochbeine: Der untere Rand ist stark und breit, etwas nach unten gewölbt, mit scharfer unterer Kante. Der aufsteigende Ast ist 2,5 cm breit.

Schläfenbeine: Die Schläfengruben sind tief, etwas röhrenförmig, nach hinten breit ausladend.

Hinterhaupt: Es wird rechts und links der Squama vom Stirnwulst überdacht, unterhalb dessen sich zwei halbmondförmige Einbuchtungen befinden. Die Squama steht 7,2 cm unterhalb des Stirnbeines und 3,7 cm oberhalb des Hinterhauptloches. Mit diesem verbindet es eine Gräte, die sich etwa 1½ cm oberhalb des oberen Randes des Hinterhauptloches in zwei Teile teilt, die am Hinterhauptsloch in zwei kleinen Höckern endet, welche ca. 1½ cm von einander entfernt sind. Direkt über den beiden eigentlichen Hinterhauptcondyli befindet sich je eine halbmondförmige Vertiefung. Die sonstige Hinterhauptsfläche zwischen Condyli und Squama ist rauh und etwas erhaben. Der ideale Winkel zwischen Hinterhaupt und

Stirn ist ungefähr ein Rechter. Die verlängerten Verbindungslinien der Endpunkte der beiden Hinterhauptsquerlinien würden etwa einen Winkel von 60^0 ergeben.

Hörner: Sie sind von dunkelgrauer Farbe und glatt, nur am Grunde etwas rauh. Sie laufen erst seitwärts, biegen dann aber nach vorn und oben um, gehören also zu den leierförmigen. Die Hornzapfen haben am Grunde einen starken Perlkranz, sind dann im unteren Drittel noch etwas rauh und werden dann ziemlich glatt. Innen sind sie massiv.

Unterkiefer: Der aufsteigende Ast ist schlank und steigt etwas nach hinten auf. Der untere Ast geht im Bogen nach vorn.

Zahnbau: Die Zahnreihen stehen etwas halbmondförmig einander gegenüber. Von den Zähnen selbst stehen die P_3 im Bogen nach innen und hinten, die P_2 auch, jedoch bedeutend weniger. P_1 bis M_3 stehen gerade. Die Marken sind hufeisenförmig mit tiefen Querfurchen in der Mitte. Die Aussen- und Innenflächen sind mässig gefaltet.

Schlussfolgerungen.

Duerst hat in seinem Werke „Die Rinder von Babylonien, Assyrien und Aegypten unzweifelhaft nachgewiesen, dass ein Zusammenhang der afrikanischen Macrorerosrasse mit dem europäischen Wildrinde (bos primigenius Bojanus) nicht besteht, und dass erstere mit letzteren ausser den langen Hörnern nichts gemein haben. Vielmehr ist er der Meinung, dass wir es mit einer eigenen Rasse zu tun haben, die, wie er in späteren Werken angiebt, sich von der asiatischen Form des Primigenius (Bos namadicus, Falconer u. Cautley) herleiten. Es erübrigt sich daher für mich, noch einmal den Beweis für die Richtigkeit dieser Annahme zu bringen. Ich will nur ganz kurz erwähnen, dass ich bei den von mir gemessenen und beschriebenen Schädeln dieselben typischen Abweichungen von dem bos primigenius gefunden habe. Bei sämtlichen Langhörnern finden wir den charakteristischen Parietalzipfel, der dreieckig in die Stirn springt. Bei allen konvergieren die Supraorbitalrinnen nach vorn. Die Hornzapfen sind bei allen entweder hohl oder doch sehr leicht und porös. Die Hörner selbst sind ziemlich rund. Die Stirngräte ist bei einigen vorhanden, bei anderen nicht, oder in Gestalt eines länglichen Mittelwulstes. Jedenfalls ist bei keinem der beschriebenen Schädel die Stirnfläche gerade. Die Stirn ist bei allen länger als breit, mit Ausnahme des Sangarindes. Die Stirnlänge beträgt bei allen im Minimum 54% der Schädelbasis mit Ausnahme des Sangarindes, wo sie 43,5% beträgt. Es wird also von der von Rütimeyer[1]) für bos primigenius angeführte Prozentsatz von 47% bei weitem überschritten. Dass das Sangarind Nr. 5 mit dem primigenius nichts zu tun haben kann, ergibt sich schon daraus, dass die Stirn breiter als lang ist und der charakteristische Parietalzipfel vorhanden ist. Auch von schief nach vorn stehenden Augenhöhlen ist bei keinem der beschriebenen Tiere etwas wahrzunehmen.

---

[1]) L. Rütimeyer. Die Fauna der Pfahlbauten der Schweiz, pg. 202-204.

Es finden sich demnach alle von Duerst angegebenen Charakteristika einer eigenen afrikanischen Rasse, die mit dem bos primigenius absolut nichts zu tun hat, bestätigt.

Lortet und Gaillard haben in ihrem Werke La Faune momifée de l'Ancienne Egypte die Ansicht vertreten, dass die in Afrika lebenden Rinder an Ort und Stelle entstanden seien und mit den asiatischen, südamerikanischen und denen der iberischen Halbinsel nichts gemein hätten. Aus diesem Grunde gaben sie ihnen den Namen Bos afrikanus Brehm. Brehm ist aber nicht derjenige, welcher den Namen Bos afrikanus zuerst gebrauchte, sondern er gibt selbst als Auto. dieses Namens den bekannten Speziesfabrikanten Dr. L. Fitzinger an. Duerst teilte dieses den Herren Lortet und Gaillard mit, worauf im Jahrgang 1905 pg. 252 der „Faune momifée de l'Ancienne Egypte der Name als Bos afrikanus Fitzinger geführt wurde. Wenn wir aber noch weiter über die Entstehung des Namens Bos afrikanus und damit die Prioritätsfrage erörtern wollen, so können wir erkennen, dass schon Joannes Rajus denselben erstmals als von Bellonus gebraucht aufstellte. In seinem „Synopsis animalium quadrupedum," pg. 73, Lib. 2. Kapitel 50, wo er von Bos afrikanus Bellonii spricht, sagt er: „quem pro bubalo veterum habet". Demnach ist die Bezeichnung bos afrikanus Brehm für das afrikanische Hausrind falsch, vielmehr ist der afrikanische Büffel darunter zu verstehen, und die Fitzinger'sche Uebertragung dieses Namens nicht völlig einwandsfrei.

Für eine Domestication des Hausrindes in Afrika

oder im alten Aegypten, wie dies Lortet und Gaillard angeben, spricht aber auch nicht der geringste Anhalt; es seien denn die Jagdbilder von Wildrind-Jagden, die wir früher erwähnten. Aber dann können wir auch die asiatisch-assyrischen Bilder von Wildrind-Jagden assyrischer Könige gleichstellen, so dass die Hypotese von Lortet und Gaillard, die krampfhaft sich abmühen, in den ägyptischen Rindern eine eigene autochtone Rasse und Spezies zu sehen, ohne einen plausibeln Grund erscheint und sich darstellt als die vorgefasste Meinung von Autoren, die, coûte que coûte, eine neue autochtone Form aufstellen möchten. Wir wollen diese Neuheitshascherei jedenfalls nicht mitmachen, und da wir mit Duerst den Zusammenhang der asiatisch-afrikanisch-europäischen Langhornrinder erkennen, auch seine Einteilung und Benennung „Bos macroceros" beibehalten.

Ausser den von Duerst vorgenommenen Messungen habe ich bei sämtlichen Schädeln den Hinterhauptshöhenwinkel, d. h. den Winkel gemessen, der gebildet werden würde, wenn man die Endpunkte der grossen und kleinen Hinterhauptsquerlinien verbinden und nach oben verlängern würde. Jedoch lässt sich irgend eine Norm aus diesen Winkelmessungen wohl nicht feststellen, da die Grössen der Winkel zwischen 45^0 und 65^0 variiert.

Es bleibt nun noch der Zusammenhang der einzelnen Macroceros-Rinder unter sich zu erörtern.

Ich habe mit der Beschreibung des Damaraochsen begonnen, weil dieser etwa in der Mitte steht, wenigstens was die Länge der Hörner anbetrifft, und ausserdem, weil er dem von Lortet[1]) publizierten Bos afrikanus am ähnlichsten sieht.

Wir sehen bei den unter 2 u. 3, vor allem aber unter 4 beschriebenen Exemplaren, wie die Hörner an Grösse und Ausdehnung zunehmen können. Ich habe oben schon erwähnt, in welcher Weise sich Tier- und Pflanzenwelt ihrer Umgebung anzupassen pflegen. Wir finden Tiere mit langen Hörnern gewöhnlich in der Umgebung von Seen 'oder wo feuchte Nebel herrschen. Die Watussi-Rinder leben in der ganzen Umgebung des Victoria Nyanssa. Dies ist entschieden von Einfluss auf die Hornbildung. So sehen wir vom Damararind die Horndimensionen der Macrocerosrinder ansteigend bis zum Watussirind Nr. 4 und absteigend bis zu dem Kameruner Buckel-Rind aus Ngaundere Nr. 8.

Eine Verwandtschaft der beschriebenen Schädel von den Mariannen-Inseln mit den afrikanischen lässt sich ohne weiteres nachweisen. Wir finden bei ihnen dieselben charakteristischen Merkmale, die sie vom Bos primigenius trennen und mit der von Duerst nachgewiesenen afrikanischen Macrocerosrasse gleichstellen, vor, wie an den Tabellen der Entwickelungsreihen osteologischer Charaktere und an den Masstabellen mit Leichtigkeit ersehen werden kann. Wenn wir uns nun vergegenwärtigen, dass, wie Duerst nachgewiesen, und wie ich an den mir von ihm zwecks Vergleichung zur Verfügung gestellten Masstabellen ebenfalls feststellen konnte, die Macrocerosrinder der iberischen

---

[1]) La Faune momifée de l'Ancienne Egypte, Jahrg. 1903.

Halbinsel und Südamerikas mit denen Afrikas eines Ursprungs sind, wenn wir uns ferner vergegenwärtigen, dass, wie oben schon erwähnt, die ersten Rinder nach Polynesien und Melanesien im 16. Jahrhundert durch die Spanier gebracht wurden, und zwar von Südamerika, so scheint mir unzweifelhaft der Nachweis der Verwandschaft der Macrocerosrinder von den Mariannen mit dem Macrocerosrind in Afrika erbracht zu sein.

Ich lasse am Schluss der Arbeit die Tabellen Nr. I u. II folgen, in der ich nach der Duerst'schen Methode die Entwicklungsreihen osteologischer Charaktere der Macrocerosrinder zusammengestellt habe. Demnach gehören die von mir bearbeiteten Langhornschädel sämtlich der Reihe 2 der Duerst'schen Einteilung an. Bei den dann folgenden Masstabellen Nr. III habe ich ebenfalls die von Duerst empfohlenen 38 Masse gemessen.

II. Die afrikanischen Kurzhörner.

Nachdem nunmehr die langhörnigen Rinder erledigt sind, wende ich mich zur Besprechung der kurzhörnigen. Hach Hartmann[1]) hat es eine kurzhörnige Rasse schon im alten Aegypten gegeben. Auch Lortet hat zwei Darstellungen veröffentlicht[2]) von Rinderschädeln, die im Jahre 1907 in Assouan ausgegraben wurden. Es ist schwer, sagt er, zu sagen, welchem Zeitalter diese angehörten. M. Clermont-Gounneau zählt sie in die hellenische Epoche.

Von den z. Zt. in Afrika lebenden kann man wohl sagen, dass es eine regressive Entwicklungsform der Langhornrinder ist. Wir finden sie hauptsächlich in den gebirgigen Gegenden, so im Kondeland im Süden Ostafrikas, ferner im Hochgebirge von Togo und im Kamerungebirge.

Ich lasse zunächst eine Beschreibung der von mir untersuchten Kurzhörner folgen. Ausgegangen bin ich von einem Schädel aus Togo aus dem Adeliland, weil ich ja, wie schon gesagt, annehme, dass die kurzhörnigen aus den langhörnigen hervorgegangen sind, und der vorliegende Schädel von den zur Verfügung stehenden die längsten Hörner hat. Demnach steht er also den Macrocerosrindern am nächsten

---

[1]) Hartmann. Die Haussäugetiere der Nilländer, Analen d. Landw. 1864, pg. 19.
[2]) La Faune momifée de l'Ancienne Egypte, Jahrg. 1907.

1. Bos taurus.

Togo. Kat. No. 8052. (Bismarckberg, Adeliland.)

Stirnbeine: Der vom Scheitelbein, welches nur wenig in die Stirn springt, gebildete Stirnwulst erhebt sich nur wenig über die Zwischenhornlinie. Eine Gräte ist ein kurzes Stück vom Stirnwulst ab angedeutet, etwa 5 cm lang. An der Stirnenge bildet die Linie von der einen Seite zur andern ungefähr eine gerade. Unterhalb dieser geraden klafft die Mittellinie ziemlich auseinander bis zu den Nasenbeinspitzen. Seitlich von ihr erheben sich zwei Seitenwülste, von welchen die Orbitalbögen überragt und durch die sehr breiten und tiefen, aussen und innen mit scharf markierten Rändern versehenen Supraorbitalrinnen, die nach vorn etwas konvergieren, getrennt werden. Die Schläfenkanten sind vollkommen abgerundet.

Tränenbeine: An dem grossen dreieckigen Loch, welches am Treffpunkt der Frontalia, Nasalia und Lacrimalia gebildet wird, beträgt der Winkel des Tränenbeins 180°. Der Frontalzipfel setzt sich besonders nach oben in die Augenhöhle fort und wird nach unten schmäler. Dadurch erhält das ganze Tränenbein fast das Aussehen eines gleichseitigen, stumpfwinkligen Dreiecks, dessen stumpfer Winkel am Zusammenstoss von Jochbein, Oberkieferbein und Tränenbein sich befindet.

Nasenbeine: An der oberen Ansatzstelle ist eine leichte Einbuchtung der Stirn zu konstatieren. Sonst ist der Nasenrücken gerade. Die Fortsätze sind gleichmässig entwickelt und etwa 1 cm lang. Die breiteste Stelle der Nasenbeine ist am dreieckigen Loch. Von da ab spitzen sie sich nach vorne zu mit einer deutlichen seitlichen Einbuchtung an der untern Kante der Tränenbeine.

Z w i s c h e n k i e f e r b e i n e : Der ziemlich kräftige Nasenast erreicht die Nasenbeine nicht ganz.

O b e r k i e f e r b e i n e : Die Wangenhöcker sind wenig prominent. Bis zum hinteren Rand von P_3 zieht sich eine rauhe Leiste. Eine Kante befindet sich in Richtung auf die Augenhöhle. Der Gaumen ist gewölbt; seine tiefste Stelle am Ende des Gaumenfortsatzes der Zwischenkieferbeine. Die Choanen befinden sich in Höhe von M_2.

J o c h b e i n e : Der untere Rand, also die Masseterfläche ist nicht sehr breit. Der aufsteigende Ast hat eine Breite von 1,4 cm.

S c h l ä f e n b e i n e : Die Schläfengruben sind hinten ziemlich flach und ausladend, nach vorn etwas tiefer und röhrenförmig. In der Mitte fällt die Längsnaht zwischen Schläfen- und Scheitelbein, die sich in Form einer Gräte bemerkbar macht, sowie die Naht zwischen Stirnbein und Scheitelbein, in die Augen.

H i n t e r h a u p t : Die Squama steht 3,5 cm über dem Hinterhauptsloch und 6,2 cm unter dem Stirnbein. Ueber der Squama zieht sich eine halbmondförmige Vertiefung von der einen Seite zur andern. Die Nähte zwischen Keilbein und Hinterhauptsbein sind deutlich wahrnehmbar. Allerdings ist das Tier erst 3½ Jahre alt. Der ideale Winkel von Hinterhauptsfläche und Stirnfläche beträgt etwa 75°; der

Verlängerungswinkel der Endpunkte der grossen und kleinen Hinterhauptsquerlinie ungefähr 65°.

Hörner: Die Hörner stehen halbmondförmig nach aussen oben und vorn und sind von hellgrauer Farbe am Grunde, werden aber nach den Spitzen zu dunkelgrau und schwarz. Am Grunde stehen sie von dem Hornzapfen ½ bis 1 cm nach aussen ab. Man kann unterhalb der Hörner noch einen Perlkranz auf dem Hornzapfen wahrnehmen.

Unterkiefer: Der aufsteigende Ast richtet sich etwas nach hinten, während der wagerechte im Bogen zu den Schneidezähnen geht. Der Hals ist ziemlich schmal. Entsprechend der geringen Masseterfläche am Jochbogen ist die Ansatzstelle des Masseters auch am Unterkiefer so gut wie garnicht markiert.

Zahnbau: Die Zähne stehen oben und unten gerade, sind nach aussen mehr oder weniger gefaltet und haben hufeisenförmige Marken.

2. Schädel aus Sokode
(Togo) von Dr. Klaus Schilling. 25. 11. 02.
Nicht katalogisiert.

Stirnbeine: Der Stirnwulst ist nicht sehr stark und wölbt sich mässig nach oben. Die Lambdanaht ist sehr verwachsen, jedoch ist noch zu erkennen, dass sie spitzwinklig in die Stirn springt. Ihre Verlängerung nach vorn ist eine Stirngräte, die in Höhe der Stirnenge sich in einen kleinen Mittelwulst verliert. Zwischen den Orbitalbögen ist die Stirn etwas nach unten gewölbt. Die Supraorbitalrinnen haben scharfe Innenkannten und ziehen sich, nach vorn konvergierend, bis an die Tränenbeine. Auf beiden Innenseiten von ihnen befinden sich, in Höhe der Orbitalbögen, 2 ganz flache Seitenwülste. Die stark gewölbten Orbitalbögen überragen sowohl Mittel- und Seitenwülste, als auch die Stirngräte bedeutend. Die Schläfenkanten sind ziemlich scharf. 2 kurze halbmondförmige Rinnen mit der Oeffnung nach unten zeichnen sich seitlich der Nasenbeine, etwa 1½ cm unterhalb der Stirnbeine, auf letzteren ab.

Tränenbeine: Ein dreieckiges Loch ist vorhanden. Der Winkel des Tränenbeines an diesem beträgt etwa 135°. Frontalzipfel sind vorhanden.

Nasenbeine: Der Nasenrücken ist gerade. Die Nasenbeine haben eine flache Einbuchtung nach innen an ihrer Aussenseite. Die Fortsätze sind ziemlich gleichmässig entwickelt, — die inneren etwas stärker — und ca. 2,3 cm lang.

Zwischenkieferbeine: Der ziemlich starke Nasenast erreicht nicht ganz die Nasenbeine.

Oberkieferbeine: Die Wangenhöcker sind stark prominent. Rauhe Erhabenheiten ziehen sich von ihnen nach hinten bis M_2, nach vorn bis P_3. Der Gaumen ist mässig gewölbt; die Choanen befinden sich am vordern Rande von M_3.

Jochbeine: Der horizontale Ast ist nach unten gebogen. Die Breite des Orbitalastes ist 1,7 cm.

Schläfenbeine: Die Schläfengruben sind hinten flach, sehr breit ausladend, nach vorn sehr tief und röhrenförmig werdend.

Hinterhaupt: Dieses ist in seiner Gesamtfläche etwas nach innen gewölbt, nur die Squama ragt daraus hervor. Dieselbe steht 3,5 cm über dem Hinterhauptsloch und 6,4 cm unter dem Stirnbein. Im übrigen ist die Fläche des Hinterhaupts rauh und mit Längsfurchen von oben nach unten versehen. Der ideale Winkel zum Stirnbein beträgt etwa 75°, während der Verlängerungswinkel der beiden Endpunkte der grossen und kleinen Querlinie des Hinterhauptes etwa 65° beträgt.

H o r n z a p f e n : Ein einfacher Perlkranz befindet sich am Grunde. Vom Grunde ab ziehen sich bis etwa zur Mitte einige flache Längsfurchen. Von der Mitte ab sind die Hornzapfen glatt. Sie sind etwas nach oben und vorn gerichtet.

U n t e r k i e f e r : Der vertikale Ast steigt senkrecht nach oben, während der horizontale im Bogen bis zu den Schneidezähnen verläuft.

Z a h n b a u : Die Zähne sind aussen und innen fast garnicht gefaltet. Die Marken sind hufeisenförmig. Sie stehen sämtlich gerade.

3. Ochse aus Batschinge.
(Kamerun, Hinterland.)

Von Hptm. Glauning. 1. 11. 07. Nicht katalogisiert.

S t i r n b e i n e : Der Stirnwulst ragt bedeutend über die Zwischenhornlinie. Er wird durch das Parietale gebildet, welches in spitzem Dreieck in die Stirn springt. In Verlängerung seiner Spitze erheben sich die beiden inneren Stirnbeinränder etwas nach oben, ohne es jedoch zu einer eigentlichen Gräte zu bringen.

Diese Erhebung ist auch nur etwa 3 cm lang; von da ab nach unten weicht sie einer flachen Vertiefung oder besser Rinne, die den sich nun erhebenden Mittelwulst in zwei Teile teilt. In Höhe der inneren Augenwinkel sind die Stirnbeine eingeknickt, erheben sich aber wieder bis zum Beginn der Nasenbeine. Die Supiaorbitalrinnen sind ziemlich tief, konvergieren nach vorn. Ausläufer von ihnen gehen nach vorn bis zu den Tränenbeinen, nach oben bis ziemlich zu den Hörnern. An der Innenseite der oberen Ausläufer befinden sich zwei kleine Seitenwülste. Diese haben die gleiche Höhe wie die Orbitalbögen und werden vom Mittelwulst bedeutend überragt. An dem Einknick der Stirn laufen von der Mittellinie ab schräg nach unten und aussen zwei flache Rinnen.

T r ä n e n b e i n e : Sämtliche Ränder der Tränenbeine sind sehr zackig. Am Zusammenstoss der Frontalia, Nasalia und Lacrimalia befindet sich ein dreieckiges Loch; an dieser Stelle bildet das Tränenbein beinahe einen Winkel von 180^0. Ein Frontalzipfel ist nicht vorhanden.

N a s e n b e i n e : Sie verlaufen gerade und sind von oben bis unten ziemlich gleich breit. Von den Fortsätzen sind die äusseren stärker entwickelt als die inneren.

Z w i s c h e n k i e f e r b e i n e : Der Nasenast erreicht die Nasenbeine nicht ganz.

O b e r k i e f e r b e i n e : Die Wangenhöcker sind wenig prominent. Nach vorn setzt sich eine Leiste bis P_3 fort. Der Gaumen ist mässig gewölbt. Die Choanen befinden sich in Höhe des vorderen Randes von M_2.

Jochbeine: Der horizontale Ast verläuft im Bogen nach unten. Seine untere Kante ist ziemlich scharf. Die Stärke des aufsteigenden Astes beträgt 0,95 cm.

Schläfenbeine: Die Schläfengruben sind mässig tief, nach hinten breit ausladend, nach vorne röhrenförmig werdend. Sie konvergieren nach vorn.

Hinterhaupt: Dieses bildet eine ziemlich gerade Fläche, die zur Stirn in einem idealen Winkel von etwa 75^0 steht. Die Squama steht 4 cm über dem Hinterhauptsloch und 6,2 cm unter dem Stirnbein. Zwischen Squama und Stirnwulst bildet sich eine flache halbmondförmige Vertiefung. Der Winkel, den die beiden Verbindungslinien der grossen und kleinen Querlinie des Hinterhauptes in ihrer Verlängerung bilden, beträgt ungefähr 55^0.

Hörner: Sie sind kurz und stehen halbmondförmig, mit der Oeffnung nach unten, seitwärts. Von einem Perlkranz, überhaupt von den Hornzapfen ist nichts wahrzunehmen. Ihre Farbe ist fast schwarz.

Unterkiefer: Der aufsteigende Ast ist schlank und steigt ziemlich senkrecht nach oben, während der horizontale im Bogen nach vorn geht. Seine tiefste Stelle ist unterhalb M_2.

Zahnbau: Die Zähne sind an den Aussenseiten ziemlich glatt. Die Marken sind hufeisenförmig. Im Oberkiefer stehen die Prämolaren etwas nach hinten gerichtet; alle übrigen Zähne stehen gerade.

4. Schädel aus Bamenda.

(Kamerun) von Adametz. S. G. (Buckelrind) No. 50 (juv).

Stirnbeine: Der Stirnwulst ragt höckerartig über die Zwischenhornlinie empor und wird von den Scheitelbeinen in Verbindung mit den Stirnbeinen gebildet. Erstere springen dreieckig in die Stirnbeine hinein. Vom Anfang der Stirnbeine bis beinahe zu den Nasenbeinen befindet sich eine scharfe Stirngräte, welche, von der Seite gesehen, wellig verläuft und zwar hat sie in der Höhe der Stirnenge ihre tiefste Stelle. Ein Mittelwulst fehlt, dagegen sind etwa in Höhe der Stirnenge, oberhalb der Supraorbitalrinnen, 2 höckerartige Seitenwülste vorhanden, und 2 weitere in Höhe des aufsteigenden Jochbeinastes, zwischen Supraorbitalrinnen und Stirngräte. Die unteren sind mehr nach innen gelegen als die oberen und werden von ihnen durch eine flache Mulde getrennt. Die scharfkantigen, tiefen Supraorbitalrinnen konvergieren etwas nach vorn, wohin sie auch flache Ausläufer bis zu den Tränenbeinen haben, und trennen die unteren Seitenwülste von den Orbitalbögen. Von der Seite gesehen, haben die vier Wülste ungefähr die gleiche Höhe. Die Orbitalbögen werden von ihnen etwas überragt. Die Schläfenkanten sind ziemlich rund.

Tränenbeine: Am Treffpunkt der Stirn-, Nasen- und Tränenbeine befindet sich ein dreieckiges Loch; an dieser Stelle beträgt der Winkel des Tränenbeins ca. 180°. Die Nähte sind ziemlich glatt. Ein Frontalzipfel mit einem unteren Zacken ist vorhanden.

Nasenbeine: Diese fallen durch ihre ausserordentliche Länge sofort auf. Sie sind in der oberen Hälfte etwas gebogen. In der Mitte ist sowohl oben wie an den Seiten eine Einbuchtung. Ihre breiteste Stelle haben sie am dreieckigen Loch, dann spitzen sie sich nach unten ziemlich schlank zu. Die Fortsätze sind gleich lang, etwa 1½ cm, die äusseren äusserst spitz.

Zwischenkieferbeine: Die Nasenäste erreichen nicht ganz die Aussenseiten der Nasenbeine. Es fehlen etwa ½ cm.

Oberkieferbeine: Der Wangenhöcker ist wenig prominent. Eine kaum merkliche Leiste zieht sich von ihm bis P_3. Der Gaumen ist zwischen den Backenzähnen ziemlich gerade und hat hier eine ziemlich scharfe Gaumengräte. Der zahnlose Teil ist sehr eingeschnürt und stark gewölbt. Die Choanen befinden sich an der Grenze von M_1 und M_2.

Jochbeine: Entsprechend dem nicht sehr starken horizontalen Ast ist auch der vertikale nur 1,1 cm breit.

Schläfenbeine: Die Schläfengruben sind flach und breit. Die Verbindungsnaht zwischen Scheitel- und Schläfenbein markiert sich in Gestalt einer Leiste.

Hinterhaupt: Das Hinterhaupt ist eine ziemlich gerade Fläche mit wenigen rauhen Stellen. Die Squama ragt ebenfalls sehr wenig hervor. Sie ist mit dem Hinterhauptsloch durch eine Leiste verbunden und steht 3,3 cm über demselben. Unter dem Stirnbein steht sie 7,1 cm. Der ideale Winkel vom

Hinterhaupt und Stirn beträgt ungefähr 80°, während der Hinterhauptshöhenwinkel 55° beträgt.

Hornzapfen: Es sind nur 2 kleine rudimentäre Hornansätze vorhanden.

Unterkiefer: fehlt.

Zahnbau: Die Zähne stehen ziemlich gerade. Sie haben auf der Reibefläche hufeisenförmige Marken und sind seitlich mässig gefaltet.

5. Schädel eines Ochsen aus Banjun
(Kamerun.) Hptm. Glauning. 17. 9. 07.

Stirnbeine: Ein höckerartiger Stirnwulst, der nach hinten etwas halbmondförmig ausgeschnitten ist, wird vom Scheitel- und Stirnbein gebilhet. Ersteres springt mit einem stumpfen Dreieck zwischen die Stirnbeine. Von der Spitze dieses Dreiecks ab nach vorn zieht sich ein schwacher, länglicher Mittelwulst, der sich in Höhe der Supraorbitalrinnen zu einem einzigen breiten Mittelwulst verbreitert. Die Mittellinie läuft in einer ganz flachen Rinne. Die Supraorbitalrinnen konvergieren stark nach vorn; sie sind mässig tief, haben mässig scharfe Ränder und trennen den Mittelwulst zu beiden Seiten von den Augenbögen, welche vom Mittelwulst bedeutend überragt werden. In Höhe der Augenbögen knickt sich die Stirn ein wie bei einem Hundeschädel.

Tränenbeine: Ein grosses dreieckiges Loch ist an der Verbindungsstelle der Stirn-, Nasen-, Tränenbeine vorhanden. Ungefähr 180° beträgt hier der

Winkel des Tränenbeines. Der vorhandene Frontalzipfel steht seitwärts ab.

Nasenbeine: Sie sind vollkommen gerade, ein wenig seitlich eingebuchtet. Die inneren Fortsätze sind sehr kurz, dagegen die äusseren lang und spitz.

Zwischenkieferbeine: Die Nasenäste erreichen nicht die Nasenbeine.

Oberkieferbeine: Die Wangenhöcker sind wenig prominent. Der Gaumen ist zwischen den Zahnreihen fast vollkommen gerade. Eine schwache Gaumenleiste ist vorhanden. Im zahnlosen Teil ist eine Wölbung vorhanden. Die Choanen liegen auf der Grenze zwischen M_1 und M_2.

Jochbeine: Die Breite des aufsteigenden Astes beträgt 0,8 cm.

Schläfenbeine: Die Schläfengruben sind röhrenförmig, jedoch nicht sehr tief.

Hinterhaupt: Es macht den Eindruck einer vollkommen geraden glatten Fläche. Oberhalb der Squama ist das Scheitelbein etwas halbmondförmig ausgebuchtet, und zwar an der hinteren Seite des Stirnwulstes. Die Squama steht 5,0 cm unter dem Stirnbein und 3,6 cm über dem Hinterhauptsloch. Eine Verbindungsgräte fehlt. Der ideale Winkel von Hinterhaupt und Stirn beträgt etwa 80^0, während der Höhenwinkel ca. 50^0 beträgt.

Hörner-: Es sind nur kleine Hornansätze vorhanden, von denen der linke ausgebrochen ist.

Unterkiefer: Der aufsteigende Ast steigt schmal etwas nach hinten und oben, während der horizontale im scharfen Bogen nach vorn geht. Kurz vor dem Körper ist er etwas eingebuchtet.

Zahnbau: Die Zahnreihen im Oberkiefer stehen sich vollkommen halbmondförmig gegenüber. Die P_3 und M_3 fehlen noch, jedoch kann man letztere im Kiefer erkennen. Die Zähne sind nach aussen ziemlich stark gefaltet, während ihre Reibeflächen hufeisenförmige Marken mit tiefen Quereinschnitten in der Mitte haben.

6. Bos Zebu,

Var. africana jun. Sennâr (Nubien) von Barnim Hartmann No 21211. Ein sehr junges Tier.

Stirnbeine: Der Stirnwulst erhebt sich ziemlich spitz über die Hinterhauptslinie und wird durch die Parietalia gebildet, die dreieckig in das Stirnbein hineinspringen, was bei diesem jungen Tier sehr deutlich zu erkennen ist. Von der vorderen Spitze dieses Dreiecks zieht sich eine Stirngräte in Gestalt eines schmalen Mittelwulstes bis zur Höhe der Supraorbitallöcher, von wo ab er in eine mittlere Vertiefung, die bis zum Beginn der Stirnbeine reicht, übergeht. Die Supraorbitallöcher, welche nach oben und unten in eine kaum merkliche Rinne auslaufen, trennen die Mittelwülste von den Orbitalwölbungen, die ihrerseits wieder von ersteren überragt werden. Seitlich oben befinden sich zwei kleine kegelförmige Hornansätze.

Tränenbeine: Ein dreieckiges Loch besteht

am Zusammenstoss der Frontalia, Nasalia, und Lacrimalia, deren Winkel hier 180⁰ beträgt.

Nasenbeine: Diese sind breit und flach, der Nasenrücken etwas eingedrückt. Die Fortsätze sind ziemlich gleichmässig entwickelt.

Zwischenkieferbeine: Sie sind vorn noch verwachsen. Der Nasenast erreicht wohl die Höhe der Seitenkanten der Nasenbeine, ist aber seitlich etwa ½ cm entfernt.

Oberkieferbeine: Der Wangenhöcker prominiert nicht. Es ist nur eine runde rauhe Erhabenheit vorhanden. Der Gaumen ist mässig gewölbt. Die Choanen befinden sich zwischen M_2 und M_1.

Jochbeine: Der horizontale Ast ist nach unten umgebogen. Die Stärke des vertikalen beträgt 0,8 cm.

Schläfenbeine: Die Schläfengrube ist ziemlich tief, nach hinten breit ausladend, nach vorn röhrenförmig werdend. Sie konvergieren beide nach vorn. In der Mitte wird jede Grube durch eine deutliche Längsleiste, welche die Verbindungsstelle der Schläfen- und Scheitelbeine darstellt, in 2 Hälften geteilt.

Hinterhaupt: An der Squama befindet sich ein Knorpelansatz. Erstere steht 4,5 cm über dem Hinterhauptsloch, und 3,9 cm unter dem Stirnbein. Oberhalb der Squama zieht sich ein halbmondförmiger, seichter Einschnitt von einer Seite zur andern. Zu beiden Seiten und etwas unterhalb der Squama befinden sich rauhe Erhabenheiten. Der ideale Winkel von Hinterhaupt und Stirn würde ungefähr 90⁰ betragen, während ein Winkel, der entstehen würde, wenn man die Endpunkte der grossen und kleinen Querlinie des Hinterhauptes verbände und verlängerte, ca 50^0 betragen würde.

Unterkiefer: Der aufsteigende Ast steigt senkrecht auf, während der horizontale sich erst ziemlich schräg nach unten wendet, dann sich sanft nach oben krümmt und unterhalb der Schneidezähne wieder eine Beule nach unten bildet.

Zahnbau: Es ist ein sehr junges Tier und es fehlen noch die M_3 und P_3. Die M_3 sind schon wahrzunehmen. Sie stehen im Oberkiefer hinter dem vorderen Rand des Foramen palatinum majus. Die Marken sind hufeisenförmig. Seitlich sind die Zähne ziemlich gefaltet.

Schlussfolgerungen.

Wenn wir die Beschreibungen dieser sechs zur Verfügung gewesenen Kurzhörner verfolgen und dieselben mit den von Duerst bereits gemessenen Kurzhörnern Afrikas vergleichen, so werden wir zu dem Schluss kommen, dass, wie ich schon in der Einleitung zu den Kurzhörnern erwähnte, die Kurzhörner eine regressive Formveränderung der Macrererosrasse darstellen. Auch bei ihnen finden wir überall den charakteristischen Parietalzipfel. Eine Stirngräte ist bei einigen vorhanden, bei anderen fehlt sie. Ebensowenig finden wir gerade Stirnflächen vor, vielmehr sind alle mit mehr oder weniger hohen Mittel- und Seitenwülsten versehen. Die Stirnlänge schwankt zwischen

48,7% und 61,8% der Schädellänge. Sie ist also im Durchschnitt länger als bei den Langhornrindern. Dadurch erhält der Kopf ein etwas schlankeres Aussehen. Der Hinterhauptshöhenwinkel schwankt zwischen 50⁰ und 65⁰, ist also durchschnittlich etwas grösser als bei den Langhörnern. Diese unwesentlichen Veränderungen sind jedoch auf das Fehlen der langen Hörner zurückzuführen. Jedenfalls weist die ganze Kopfform, wie auch die in der Masstabelle angegebenen Zahlen unzweifelhaft eine kolossale Aehnlichkeit mit den Macrererosrindern auf und so können wir wohl mit Bestimmtheit annehmen, dass erstere aus letzteren hervorgegangen sind.

Ich lasse am Schluss der Arbeit eine Tabelle Nr. IV der Entwicklungsreihen osteologischer Charaktere und danach die Masstabellen Nr. V der afrikanischen Kurzhornrinder folgen.

III. Die hornlosen Rinder Afrikas.

Hornlose Rinder hat es in Afrika schon in sehr früher Zeit gegeben. Wir finden Abbildungen von ihnen auf Denkmälern[1]) aus ältester Zeit. Es gab hornlose Rinder mit und ohne Buckel.

Lortet[2]) veröffentlicht hornlose Rinderschädel, die in Deire el Bahari bei Theben ausgegraben wurden und

---

[1]) Lepsius, Denkmäler, II.
[2]) La Faune Momifiée de l'Ancienne Egypte 1905.

nach seiner Ansicht aus der 11. Dynastie stammen. Wir treffen heute die hornlosen Rinder noch fast in allen Teilen Afrikas an.

Dieselben als eine selbständige Rasse anzusehen, ist wohl nicht gut angängig. Dazu variieren sie zu sehr untereinander. Mit viel grösserer Berechtigung kann man von der Ansicht ausgehen, dass sie im Laufe der Zeit aus den Macroceros- und Brachycerosrindern hervorgegangen sind. Allerdings dürften nur die allerältesten Rinderrassen bei diesem regressiven Vorgang in Frage kommen. Arnuander[1]) führt Versuche des Tierarztes Collin an, nach welchem dieser nach einer 23 Jahre lang durchgeführten Enthornung einer Zucht erst das erste Schlapphornrind aufweisen konnte, ein Beweis für die Richtigkeit des vorhergehenden Satzes. Schlapphornrinder haben aber immer noch kleine Hornansätze, und ab und zu treten immer wieder einmal gehörnte Tiere dazwischen auf. Ehe sich also die Hörner ganz verlieren, muss demnach eine weit längere Zeit vergehen.

Von den hornlosen Rindern stand mir nur ein einziger Schädel im Zoologischen Museum zu Berlin zur Verfügung, und zwar aus Gangé im östlichen Centralafrika, von Professor Dr. Schweinfurth mitgebracht. Dieser weist eine auffallende Aehnlichkeit mit den in „La Faune momifiée de l'Ancienne Egypte" abgebildeten hornlosen Schädeln auf. Zudem gleicht

---

[1]) Arnuander, Studien über das ungehörnte Rindvieh, pg. 55-57.

er dem unter Nr. 6 der Langhornrinder Afrikas beschriebenen Schädel des aus Sierra Leone importierten Kamerunrindes sehr, nur dass bei letzterem eine Stirngräte vorhanden ist, die beim Gangérind fehlt.

Wir dürfen also wohl mit ziemlicher Sicherheit annehmen, dass die hornlosen Rinder aus den Macroceros- und Brachycerosrindern hervorgegangen sind.

Werfen wir nun noch einmal einen Rückblick auf die zur Zeit in Afrika und Polynesien lebenden Rinder, so kommen wir zu folgendem Schluss:

Die Rinder Polynesiens sind verwandt mit denen Afrikas und auf Umwegen über Spanien, Amerika dorthin gekommen.

In Afrika hinwiederum finden wir die schon von den alten Aegyptern gezüchteten verschiedenen Rassen, den

Macroceros,

den **Brachyceros**

und den **Aceratos**

noch heute vor.

Von einem Zusammenhang mit dem europäischen Primigenius, sowie von einer Domestication des afrikanischen taurinen Wildrindes ist nichts bewiesen und so sehen wir, dass das in Afrika, Amerika, Spanien und Polynesien lebende Hausrind nicht eine eigene Rasse für sich darstellt, sondern in die drei oben schon genannten, allgemeinen Rassengruppen zerfällt.

Literatur.

1. Neue Altertümer der „new race" aus Negadeh. Zeitschrift für ägyptische Sprache etc Bd. 34, 1894.
2. Van Bissing, Stierfang auf einem ägyptischen Holzgefäss der 18. Dynastie. Mitteilungen des archäologischen Instituts Athen 1898.
3. Duerst, Die Rinder von Babylonien, Assyrien und Ägypten und ihr Zusammenhang mit den Rindern der alten Welt.
4. Duerst, Notes sur quelque Bondé.
5. Duerst, animal remains.
6. M. Hilzheimer, Die Haustiere in Abstammung und Entwickelung
7. C. Keller, Das afrikanische Zeburind.
8. Meulemann, E. 1896 Les animaux domestiques de l'État indépendant du Congo. Rev. scient.
9. Petermanns Mitteilungen.
10. J. Crawford, Relation of animals to Civilisation.
11. Traces of Civilisation, An Iugniry into the History of the Pacific. Transart. New Zealand. Institut 1896.
12. L. Rütimeyer, Die Fauna der Pfahlbauten der Schweiz.
13. La Faune momifiée de l'Ancienne Égypte. Jahrgang 1903, 1905, 1907.
14. Hartmann, Die Haussäugetiere der Nilländer, Annalen d. Landwirtschaft 1864.
15. Lepsius. Denkmäler II.
16. Arnuander. Studien über das ungehörnte Rindvieh.
17. Joannes Raius, Synopsis animalium quadrupedum.